JN119956

私のウラン濃縮用
遠心分離機技術開発と
原子力政策への提言

甲斐 常逸
KAI Tsunetoshi

文芸社

本書の出版に寄せて――松瀬貢規

　このほど親友甲斐常逸さんが「私のウラン濃縮用遠心分離機技術開発と原子力政策への提言」というご自分の体験を語り、科学技術政策の在り方について提言するご本を出版される。

　甲斐さんとは私が郷里多久から佐賀市内の中学に転校し同じクラスになったときからのお付き合いで、学生時代に毎夏、北アルプスの山々を登山した仲間でもあります。彼は、大学時代素粒子物理学を専攻し、難解な寺澤寛一著「自然科学者のための数学概論」を難なく理解される高等数学にたけた比類なき才能と創造力をお持ちの俊秀です。

　本書は、甲斐さんが青壮年時代に原子力の平和利用技術の一翼を担うウラン濃縮技術の研究開発に取り組んだ心意気と情念がほとばしる記述になっています。また、我が国において採用した遠心分離方式の基礎研究から技術開発にいたる国際的なパイオニアとしての熱い思いと生きざまが語られ、技術開発の在り方を世に問いかけた深い洞察力に富んだご本であると思います。

　本書には、遠心分離法によるウラン濃縮技術開発の歴史、二千億円を超える国家プロジェクトを推進する実態と苦心、

数学力を生かして流体力学の数値解析で世界の頂点に立ち、その科学的知見をもとに装置の試作と実用化する技術、さらにプロジェクトを構想企画する人とその具体的実践者との人間的つながりの実態と重要性などが赤裸々に述べられています。そして、ウランなどの放射性物質を扱う技術的国家機密や高い技術者倫理意識、責任感と正義感がいたるところにほとばしっています。

　さらに、危険な放射性物質にかかわる技術開発書としてだけでなく、原子力開発など巨大プロジェクト遂行の課題や憂慮すべき我が国の技術力低下などの問題を指摘し、今後の在り方を提言しています。

　本書の記述には物理現象や高等数学の説明など専門性の高い少々難解なところもありますが、読み進めば進むほど彼の科学技術者としての情熱がにじみ出て当時の巨大プロジェクト成功の高揚感と達成感がわかる著述になっています。

　原子力の平和利用に関心のある方をはじめ多くの方々に一読をおすすめします。

（まつせ　こうき　明治大学名誉教授、日本電気学会第九十六代会長、IEEE Life Fellow、瑞宝中綬章受章）

目　次

まえがき

　20世紀に於ける原子力の開発は、21世紀の我が国のエネルギー安全保障を目指すとして、当時国が最も力を入れたプロジェクトで、1967年に動力炉核燃料開発事業団（動燃）を作り、これにあたらせました。日本の発展期でもあり、30年間に、最盛期の10年間は年間2,000億円を超え、総額4兆円を超える莫大な予算が投じられました。更に1998年にその後を継いだ核燃料サイクル開発機構には、足掛け8年で約1.2兆円が投じられました。しかし、その結果は無残と言えるものでした。正式な開発史としては、「動燃10年史」、「動燃20年史」、「動燃30年史」「核燃料サイクル開発機構史」が発行されていますが、これ等の正史は実施機関から発表されたもので、出来事を肯定的に主張して、何が失敗したのか、なぜ失敗したのか、何が問題なのかをほとんど指摘していません。プロジェクトが本当に成功したと言うためには、開発された技術が民間に移転され、国民に役立たなければなりませんが、民間に移転されたプロジェクトは唯一ウラン濃縮用遠心分離機の開発だけです。この遠心分離機の技術開発を担った者として、この開発がどの様な考え方で、如何に行われ、何が得られ、何

が問題として残ったかを内情を交えて具体的に記述し、他の部門との比較を行い、将来の原子力政策と技術開発の参考になることを願います。

1. ウラン濃縮開発に従事するまで

　私が学生の頃は、原子力工学科や原子核工学科のある大学の工学部ではこれ等原子力研究をやる学科は花形の最難関学科で、原子力に光が最も当たっていた時でした。この理由は、1952年にアメリカがアイゼンハワー大統領の核の平和利用宣言を機にマンハッタン計画で開発した原子爆弾の核エネルギーを平和利用するため、核に関する情報を開示し、原子炉技術を輸出し始めたからです。第2次世界大戦が起きた理由の一つは石油の奪い合いであり、化石燃料は近いうちに枯渇し、世界はエネルギー不足になるであろうと考えられていました。そして、この対策として原子力は最も有力な手段と考えられ、世界の先進国が原子炉や核燃料の開発に取り組み始めていました。日本でも、自主、民主、公開の3原則を旗印として、原子力を平和利用に限って進めることとし、1956年に特殊法人原子力研究所（原研）が設立され、1957年に電力各社により日本原子力発電株式会社が設立され、1966年に初めての商用原子力発電を行いました。

　私は応用物理科卒で原子力工学を学んだ訳ではありませんが、原子力の基礎理論となる量子力学や相対論を学んだため、原子力に強い関心を持ち、1967年に原子燃料公社の入社試験に応募しました。就職する前に、国は「今後、原子力開発に力を入れ、原子力研究所が基礎研究を行い、

原子燃料公社が動力炉・核燃料開発事業団（動燃）に改組され、開発研究を行う」と発表していました。このため、原子燃料公社は人気があり、理系は8名採用するのに56名の応募がありました。この頃、一流大学の理系は大学の推薦状があればほぼ採用されており、学生が就職先を選ぶという状況が普通でしたので、異常な人気と言えるでしょう。更に、学科別の採用で、物理、応用物理部門では、僅か1名の採用に10名の応募者がいました。入社試験に行くと、応募者の名前と所属大学名が貼り出されていて、東大、京大、阪大、名大等旧帝大が名を連ねており、私大出の私など採用される気がしませんでした。また、採用の申込書に自分の利点欠点を書く欄があり「利点：やると思ったら、とことんやる。欠点：やりたくないことはやらない」と書きました。今でしたら、こんなことを書く受験者はいないでしょう。入社試験は都心の赤坂でありました。試験が終わった後、結果には興味がなく、皇居まで歩いて行きお濠の畔で今後どうやって暮らしていこうかと思案していました。しかし、数日後入社説明会に来いという手紙が来ました。

　就職してすぐ、原子燃料公社は動燃になりました。動燃は、大洗事業所を主とした動力炉開発部門と東海事業所を主とした核燃料開発部門から成っていました。私は最初、

核燃料開発部門で燃料の基礎研究をやっている東海事業所、原子燃料試験所のセラミックグループに配属されました。最初のうちは研究所的雰囲気が強く、原子燃料であるウラン酸化物とウラン燃料の被覆管に使われるジルコニウム合金との加熱反応試験やウラン酸化物の原子炉での照射試験等、試験所では花形のテーマを与えられ、夢中で実験に取り組んでいました。3月と9月に原子力学会があり、社内でその発表の予行演習をやっていました。そこで、自分の研究内容を発表すると共に他の発表者が先輩だろうと係長、課長だろうとお構いなしに、発表内容でおかしいと思う点は鋭く指摘していました。

　この頃、私はK氏とコンピューターのプログラミングが縁で知り合いました。彼は私の2年上で、プルトニウム燃料開発室（プル燃）で、プルトニウムの研究開発に従事しており、優秀な研究員として知られていました。当時、将来の原子力開発方針を彼と議論した時は、「高速炉を利用したプルトニウムサイクルは高くつく。ウランは海水中にいくらでもある。原研がやっている海水中のウラン吸着法を利用したウラン採集と軽水炉によるワンスルーより高い」と言っていました。ここで、プルトニウムサイクル（核燃料サイクル）とワンスルーは原子力開発を進める際の大きく違う2つの方針なので、これについて説明します。

核燃料サイクル：単にサイクルとも呼ばれ、原子炉でウラ
　　　　　　　　ンを燃やして出来る放射性廃棄物を再処
　　　　　　　　理して、この中からプルトニウムと残存
　　　　　　　　ウランを取り出し、原子炉で燃料として
　　　　　　　　再利用する。残りの放射性廃棄物は処理
　　　　　　　　処分する。

ワンスルー　　　：ワンススルーとも呼ばれ、天然ウランを
　　　　　　　　濃縮して原子炉で燃やす。燃やしてでき
　　　　　　　　る放射性廃棄物は再処理せず、そのまま
　　　　　　　　処理処分する。

　その後、アメリカがプルトニウムサイクルに使う高速炉
の開発から撤退するという報道がなされた時、彼はその理
由書を私に見せてくれました。その文書には、アメリカの
高速炉の建設費が載っており、高速炉は軽水炉よりはるか
に高く、経済性を達成するのは困難と判断されていました。
彼は「この建設費でも日本が評価した建設費よりかなり安
い」と言っていました。その後、彼は若くして現場の研究
を止め、企画部に入り企画を担当して、核燃料サイクルを
推進しました。核燃料サイクルの説明として、ウランには
235、238という2種類の同位体があり、235は燃えるが
238は燃えない。ところが、天然のウランには、235は238
の約100分の1しかない。軽水炉のワンスルーでは、ウラ

ン235しか利用できないが、高速増殖炉のサイクルでは、ウラン238をプルトニウムに変えて全量燃やせるので、人類はおよそ100倍の燃料を手に入れたことになる。この核燃料サイクルによるエネルギーセキュリティー論は、日本では多くの学者、役人、政治家の共感を呼び、高速増殖炉・プルトニウムサイクル路線をまっしぐらに進むことになりました。K氏はその後、高速増殖炉の原型炉もんじゅの工場長になり、更に、動燃理事になり、「ミスターもんじゅ」又「ミスタープルトニウム」と呼ばれました。このプロジェクトは結局失敗したのですが、彼は人生の成功者になりました。成功者の彼に経済性について聞くと、「我々はセキュリティーをやっている。経済性といったレベルの低いことはやってないのだ」との答えでした。

2. 核燃料サイクル

　まず、高速増殖炉について説明します。一般の商用原子炉は軽水炉とも呼ばれ、軽水（通常の水）により、ウランが核分裂した時に出てくる高速の中性子を減速し、他のウランに衝突吸収させて核分裂の連鎖反応を起こすのに対し、現存の高速増殖炉ではナトリウムを使って、あまり減速せずに核分裂の連鎖反応を起こします。比較的高速の中性子を利用しますので、高速炉と呼びます。この時、吸収した中性子より出てくる中性子の数が多くなり、この中性子を燃えないウラン238に吸収させて、燃えるプルトニウムに変えて燃料として使います。使う燃料より出来る燃料が多い場合、増殖炉といいます。夢の原子炉ともいわれ、再生可能な自然エネルギー利用が注目される前は、枯渇が心配される化石燃料に代わる唯一のエネルギーを生む方法と見なされていました。技術的な最大の問題点はナトリウムを使うことです。ナトリウムは水や酸素に触れると高温を放って、激しく燃え、僅かな漏洩でも重大事故となります。原子炉で出来たプルトニウムと残存ウランを取り出すのが再処理工場で、このプルトニウムを新たな燃料に加工するのが、プルトニウム燃料工場です。

　実際のサイクル路線は、経済性、技術的困難性、安全性で極めて大きな難題を抱えるものでした。1980年代迄はアメリカ、イギリス、フランス、ドイツ、ロシア等の先進

国が積極的に高速炉の開発を進めましたが、1990年代になると、前述のごとくアメリカは経済性が無いとして早々に撤退し、ドイツ、イギリスもやがて撤退し、1998年にフランスも高速増殖炉の実証炉スーパーフェニックスの運転を停止しています。但し、通常の軽水炉は各国で建設、運転されており、2023年1月の稼働原子炉の数は米国92基、仏56基、中国53基、ロシア34基、世界では431基です。日本では、最盛期は約50基運転されていたのですが、福島の原発事故により全基停止しました。その後少しずつ再稼働され、2023年8月時点で11基の原子炉が稼働しています。また、現在フランスでは1,600トン規模の再処理工場が世界で唯一稼働していますが、ここで生産されるプルトニウムは、高速炉ではなく、軽水炉で使われることになっており、プルサーマルとよばれています。プルトニウムは極めて寿命が長く毒性も強い危険な物質で、環境汚染や事故被害を起こす可能性が有り、取り扱いが困難なため、プルトニウム利用方式はワンスルーに比べ経済性が大幅に落ちるとされ、又、原子爆弾製造に繋がる可能性もあって、ほとんどの国では採用されていません。しかし、日本では将来燃料として使える糧食と考え、原子炉で使った使用済み燃料をフランスやイギリスの再処理工場に委託して再処理し、現在46トン程度（原爆数千発分）のプルトニウム

を保有しています。しかも、商用再処理工場を1993年に着工し、30年経過した今なお未完成ではありますが、なおプルトニウム生産の準備をしています。

　今少し詳しく日本の核燃料サイクル開発の歴史について述べます。動力炉核燃料開発事業団において、再処理工場が年間使用済み燃料処理量210トン規模として仏サンゴバン社の設計で東海事業所に建設され、1977年に運転が始まりました。しかし、運転期間中、事故、故障の連続で、国へのトラブル報告が55事象にのぼり、その内、稼働率に大きく影響を与えた故障案件が30件有りました。特に1997年にアスファルト固化施設で起きた爆発事故は再処理だけでなく、原子力開発全体に大きな影響を与え、動燃解体再編に繋がりました。再処理工場の建設時の予定年間処理量210トンは不可能で、直ぐに90トン体制とされました。2006年まで30年間に運転された全処理量は、1,130トンで、年平均38トンでした。プルトニウム燃料工場では安全性を揺るがすような大きな問題は起きませんでしたが、高速増殖原型炉もんじゅの燃料を作るのに、ポアフォーマー（燃料焼結体の密度を下げるための膨らまし粉）が想定の性能を発揮せず、極端にスペックアウトが多くなるという問題が起きました。もんじゅの燃料製造を炉の運転スケジュールに間に合わすべく、他部門を休止し、そこの大

勢の作業員を投入して、昼夜3交替で進めましたが、結局、当初2年半程度で完了する予定が、4年3か月を要し、関係者が責任をとらされました。もんじゅは、1995年8月試運転を終えて発電を開始しました。しかし、その約3か月後にナトリウム漏洩事故を起こして停止しました。事故説明に虚偽があったとしてマスコミに非難され、説明担当者が自殺する痛ましい事件もありました。この時、再処理課長は「あいつらはバカだ。俺等だったら上手くやったのになあ」と言っていました。その約1年半後、先述の再処理工場のアスファルト固化施設で爆発事故が起きました。これは、午前中小規模のボヤが起き、手元の消化器で消したのですが、十分消さずに、懸命に事故隠しをやっていたために起きたと報道されました。死者が出なかったのがせめてもの幸いと言われるほどの大爆発でした。これ等の事故隠蔽工作が厳しく非難され、動燃は改編され、核燃料サイクル開発機構となりました。この時、スリム化が求められ、主要プロジェクトでは、新型転換炉「ふげん」は経済性が劣るとして開発を中止し、濃縮は民間で事業化が始まっている、また、海外ウラン探鉱は事業化が困難として縮小、廃止が決まり、フロンティア研究も終了することとなりました。結局、事故を起こした高速増殖炉と再処理は核燃料サイクル技術体系の中核として開発を進め、サイクル以外

の他部門は縮小、廃止することとなりした。事故を起こさ
ず、着々とR&Dを進めていたその他部門は、悲憤慷慨し
たことでしょう。核燃料サイクル開発機構はもんじゅの再
稼働を目指しましたが、遅々として進まず、安全性を高め
る改良工事に着手したのがナトリウム漏洩事故後10年
経った2005年でした。この頃、政府は無駄を省くための
行政改革を進めており、その一環として核燃料サイクル開
発機構と原子力研究所を統合し、日本原子力研究開発機構
としました。日本原子力研究開発機構はもんじゅの改良工
事を進めて、2007年に完了し、2010年に運転を再開しま
した。しかし直ぐ、炉内中継装置の落下事故により運転停
止となりました。2011年の東京電力福島第1原子力発電所
の事故を受けて、安全審査が厳しくなり、新しく出来た原
子力規制委員会により、点検漏れ、虚偽報告等が次々に指
摘され、日本原子力研究開発機構に運転を任すのは不適当
で、他の運営主体にするよう勧告が出され、政府は2016
年にもんじゅ廃炉を決定しました。建設開始から33年が
経ち1兆円以上を投じて進められた国の原子力政策の中核
は、全くの恥晒しの結果となりました。

　電力に於いても、国に呼応して核燃料サイクルを推進す
るため、日本原燃（株）を作り、青森県六ヶ所村に年間処
理量800トンの商用再処理工場を建設しました。その設計

は動燃の再処理工場と同様、仏サンゴバン社に発注されました。再処理工場を運転していた動燃の技術の中で唯一採用されたのがガラス固化技術でした。ガラス固化とは、原子炉から出てくる使用済み核燃料からウランとプルトニウムを取り除いた残りの高レベル放射性廃棄物をガラス溶液で包み、冷やし固めることにより、放射性廃棄物を取り扱い易くするものです。ガラスを溶かすのに、サンゴバン社ではヒーターを使っているのに対し、電磁波を使っているのが特徴です。1993年に建設が始まり、2006年に放射性廃棄物を使ったホット試験が始まりましたが、直ぐ、ガラス溶液が上手く放射性廃棄物を包めずに、運転が停止してしまいました。ヒーターで加熱すれば、熱対流が起き攪拌されますが、電磁波で加熱すれば均等に加熱されて熱対流の攪拌が起きません。実績のあるサンゴバンの技術を使えば出来たにも拘わらず、自主技術に拘り、何回もああやってみよう、こうやってみようと高レベルの放射能に晒されながらの設備変更工事を行いましたが、上手くいきませんでした。ここでも、旧動燃の責任は極めて重大です。そのうち、福島の原発事故が起きて安全基準が厳しくなり、完成時期が次々と延期され、2022年秋の発表では、なんと26回目の完成時期の延期をし、2024年早期の竣工に向けて性能確認試験をやるそうです。総事業費は国の認可法人

使用済燃料再処理機構が2021年に発表した値では14兆4400億円です。この様な事態になっても、政府、電気事業者はサイクルの夢を追いかけ、莫大な費用だけが膨らんでいきます。

3. ウラン濃縮用遠心分離機の開発開始

　入社3年目、1969年の初夏の頃です。突然試験所の全員が集められ、所長が「国の方針で、遠心分離法によるウラン濃縮を動燃が大々的にやることになったので、試験所を改組して新たに濃縮技術開発部を作る」と発表しました。そして、同時に私も「濃縮に行け」と言われました。これまでの研究がやれなくなるのでふさぎ込んでいると、私のグループの主任研究員が来て、「中村康治氏（東大の生産研究所出身、燃料部門の技術トップと言われていた）が本社で開発部長になる。彼が貴方をどうしても濃縮へ連れて来いと言う。私は反対したが、抗しきれなかった。1年間濃縮でやってみて、どうしても濃縮が肌に合わなければ私に言え、何とかするから」とのことでした。また、濃縮グループ担当の主任研究員が来て、「濃縮は理論が難しいので、数学に強い人が要る。あなたを京都大学原子核工学科の東先生の研究室に国内留学させてやる。通常、国内留学すれば海外留学の権利を失うが、貴方の場合、海外留学の権利は残す」とやたら美味しい話でした。私は中村氏とは特に面識も無かったのですが、学会発表予行演習の時の議論を聴いていて、私をどうしても使いたくなったのだと思います。

　6月に辞令が出て、ウラン濃縮技術開発部技術課所属となりました。課長は玉井浄氏でした。それ迄の研究成果を

8月迄に全部まとめて後継者に引き継ぎ、9月からの留学に備えました。ところが、京大留学は産学協同路線だとして学生が反対するという理由で実現せず、ここでやっと、遠心分離機の技術開発に取り組むようになりました。濃縮部ができる前は、原子燃料試験所に濃縮グループがあり、玉井氏がグループリーダーで、7〜8名のグループで年間1千万円に届かない程度の予算で遠心分離機の開発を進めていたそうです。濃縮部ができた後は、運転課が遠心分離機の運転試験を担当し、技術課が設計その他全般の検討をやることになっていました。私は、先ず関連する文献を読んで、ウラン濃縮に関する知識を取得しました。

　原子炉の燃料となる天然のウランは、ウラン235とウラン238の2つの同位体から成りますが、原子爆弾ではウラン235の濃度が90％以上、通常の商用軽水炉型原子炉では3〜5％程度必要です。天然ウランは0.7％程度しかウラン235を含んでいませんから、ウラン235の濃度を上げてやる必要があります。このウラン235の濃度を上げることをウラン濃縮といいます。同位体は化学的性質が似ていて、濃度を上げるのが大事です。アメリカで第2次大戦の時、原爆を作ったマンハッタン計画 [(1)、(2)] では、ウランを濃縮するため、ガス拡散法、電磁法、遠心分離法の3つの方法の研究開発が大規模に行われました。その中で、遠心分離

法は工学的に実現が無理だとして断念され、ガス拡散法である程度の濃度まで上げ、電磁法で原子爆弾となる90％以上の濃度の濃縮ウランを作っています。戦後、電磁法は生産量があまりに少なすぎるとして放棄され、ガス拡散法で大量の90％以上の濃度の濃縮ウランが生産され、原子爆弾が作られ、東西冷戦構造の象徴となりました。商用原子炉の運転には経済性が求められますから、エネルギー消費量の多いガス拡散法以外の濃縮技術として遠心分離法が見直され、ドイツのGroth [3] の遠心分離機の開発、及び、Zippe [4] がヴァージニア大学で行った遠心分離機の開発が遠心法商業化の道を開いたと言われます。イギリス、ドイツ、オランダが共同でウレンコという会社を立ち上げ、遠心分離機の開発と濃縮ウランの生産を目指していました。我が国が急に濃縮に力を入れると決めたのは、ウレンコ設立の発表が大きなインパクトになったからだそうです。

　日本の原子爆弾開発の歴史を調べますと、戦前に原子爆弾開発計画があり、理化学研究所で二号研究と称し [5]、熱拡散法の研究をやっています。熱拡散法とは、2重円筒の内側を高温に熱し、外側の円筒と温度差を付け、その間にウランガスを入れます。この時、内側の円筒と接したウランガスは温められて軽くなって上昇し、外側の円筒と接したガスは冷えて重くなって下降し、循環流が形成されま

す。循環流の中で重いウラン238は相対的に下がり、軽い
ウラン235は相対的に上がりますので、上部のガスはウラ
ン235の成分が増加（濃縮）されており、下部のガスはウ
ラン235の成分が減少（劣化）しています。そこで、上部
から抜き出したウランガスは濃縮ウランガスとなり、下部
から抜き出したウランガスは劣化ウランガスとなるという
原理です。しかし、遠心分離機の回転円筒による遠心力に
比べると、重力は4桁以上も小さく、実際にも有意な分離
は認められていません。また、今一つの計画として、F研
究と称して京都大学で遠心分離機の研究を始めていますが、
設計検討程度です。この様に日本には、実態としては、原
子爆弾開発計画と言うもおこがましい程度のものしかやっ
ていませんでした。

　戦後は、1959年に理化学研究所の大山義年先生[6]が遠
心分離機の開発に乗り出しました。遠心分離機の設計製作
は、石川島タービン社（現東芝）でGrothの遠心機を模し
て1号機を作り、更に大型化して2号機を製作し回転試験
を行いました。長時間の安定した高速回転は得られなかっ
たのですが、アルゴンガス同位体の分離試験を行い、分離
係数1.05を得ています。しかし大山義年先生の要請でこの
開発に参加した東京工業大学の高島洋一教授[7]の判断で
は実用化に程遠いとされ、又、遠心分離機の開発には予算

と人手がかかり過ぎ、理化学研究所では不向きであること
から、原子力委員会は1961年に原子燃料公社がこの開発
に当たることとしました。原子燃料公社は東海事業所に遠
心分離機の開発施設としてE棟を建設し、1964年に1、2
号機を理化学研究所から移管しています。そしてこの時、
遠心分離機と共に橋本修氏等数名が運転指導者として移籍
しています。また一方、高島教授の研究室に小型の遠心分
離機の開発が委託され、高島方式⁽⁷⁾と呼ばれる端板から
抜き出される熱向流方式の小型の遠心分離機を開発し、六
フッ化硫黄による分離試験を行っています。

4. 遠心分離機の構造と分離メカニズム

　遠心分離機の分離理論に関しては、当時公開されていた外国の情報では、マンハッタン計画の頃、当時の分離理論を集めたCohenの「ウラン235の大規模生産に応用される同位体分離理論」[2]という本が出版されており、分離理論を研究するためのバイブル的存在となっていました。日本では金川昭先生[8]がCohenの理論を元に、パラメーターサーベイを行って遠心法の特性解析をしていました。遠心分離機の構造と分離方式に関しては、マンハッタン計画で採用されていたBeams等[1]の外部のポンプで向流を送り込む外部向流方式、西独でGroth[3]が採用していた熱向流方式、Zippe[4]が米国ヴァージニア大学で開発したスクープ向流方式が知られていました。BeamsとZippeの論文では構造も実験データも詳細な記述がなされていますが、その後、アメリカが遠心分離機の構造は機密だとして公開はされなくなっています。Beams、Groth、Zippeの遠心機の構造を夫々図1、図2、図3に示します。図1において、Beamsの遠心分離機は、直径16cm、長さ335cmの細長い回転胴（bowl）が上下の軸に繋がり、上部のモーターで回転され、下部の荷重支え用の軸受（thrust bearing）で支えられ、ダンパー（vibration Damper）で振動が抑制されています。ガスは上下の中空の軸（hollow shaft）を通って端板に行き、端板の穴から回転胴内に給気され、対

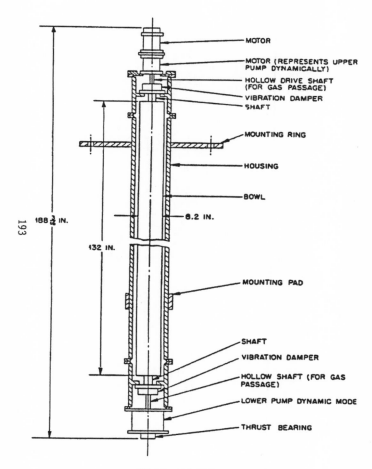

MOTOR

MOTOR (REPRESENTS UPPER PUMP DYNAMICALLY)

HOLLOW DRIVE SHAFT (FOR GAS PASSAGE)

VIBRATION DAMPER

SHAFT

MOUNTING RING

HOUSING

BOWL

6.2 IN.

MOUNTING PAD

SHAFT

VIBRATION DAMPER

HOLLOW SHAFT (FOR GAS PASSAGE)

LOWER PUMP DYNAMIC MODE

THRUST BEARING

188 3/4 IN.

132 IN.

193

Dynamic model of 132-in. gas separator.

図1：Beams の遠心分離機

34

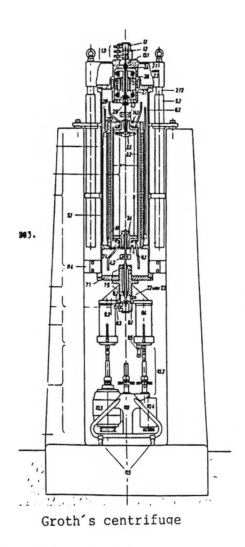

Groth's centrifuge

図2：Grothの遠心分離機

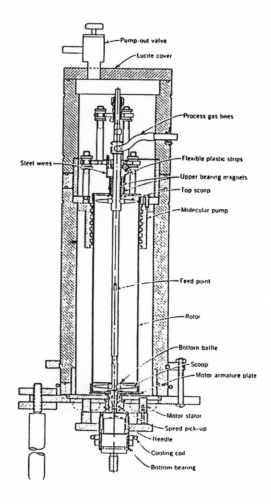

図3：Zippe の遠心分離機

抗する端板の穴から中空の軸を通って排気されます。この外部向流のガス流れの詳細は後述します。回転機構全体がケーシング（housing）に収納されており、ケーシングは円盤の支持台（mountain ring）に支えられています。ケーシングは高速で回る回転胴が破損した場合の危険性を防ぐと共に回転胴と空気等の雰囲気ガスとの摩擦（風損）による発熱を防ぐため真空を保っているので、真空タンクとも呼ばれます。

　図2で、Grothの遠心分離機は、Beamsの遠心分離機に比し、回転胴が短く、軸受やダンパーが複雑で、凝った形になっています。ガスは中心軸から供給され、上下のスクープ管から抜き出されます。ガスの循環流は上下端板の温度差を利用した熱向流により形成すると説明されています。熱向流については、高島方式としてこの後詳述します。

　図3はZippeの遠心分離機を示します。回転胴（Rotor）を支える下部軸受は細長い鋼製の針（Needle）で出来ており、又、上部軸受（Upper bearing magnet）はマグネット軸受で、振動を和らげるダンパーを伴っています。フィードガスは供給管から回転胴内に供給され、回転胴は高速で回転していますから、回転胴内に供給されたガスも回転胴とほぼ同じ回転速度で回転し、遠心力を受けて外側に押し付けられ、外側に行くほど高い圧力分布を形成して

います。上下のスクープ（Scoop）と呼ばれる細い静止管が外側へ伸びていてガスが高圧部から抜き出されます。ローター内の上部に設置されたスクープ管は静止しているので、ローター内のガスの回転速度を下げ、内側へと掻き込みます。下部スクープ管の上に隔板（Bottom baffle）があり、ローターと共に回っていますので、回転速度の下がったガスはこれに接触して回転速度を上げ、外側へ押し出されます。このようにして作られた循環向流をスクープ向流と呼びます。外側の流れには重成分が貯まっていき、内側の流れには軽成分が貯まっていきます。そこで、下のスクープ管から軽成分の多いガスが抜き出され、上のスクープ管から重成分の多いガスが抜き出されます。マグネット軸受とローターの間に隙間があるため、回転胴内のガスが一部抜けてローターの外側に回り込みます。この量を減らすため、分子ポンプ（Molecular pump）が設けられています。分子ポンプは図に示されるようにネジが切ってあり、ローターで回転速度を与えられたガスがネジに沿って上昇し、ローターと外側のケーシングの間のガス圧を下げる役割を果たします。

　動燃は1、2号機の運転に加え、3号機と称する遠心機を東芝に委託して製作し、回転試験を始めていました。3号機は上下軸をボールベアリングで支え、これにオイルを供給するためのゴムシールを使っていました。分離方式は、Grothの熱向流方式と同等の高島方式を採用しており、これを図4に示します。この図で、ウランガスの供給分（フィード）は上部のフィード室から回転軸に入り、回転胴内に供給されます。上部にヒーターが付いていますのでここで温められたガスは軽くなり、遠心力の小さい回転胴の内側へ流れます。空気が温められると軽くなり、重力の小さい上空に昇るのと同じです。下部ではクーラーで冷やされたガスは重くなって回転胴の外側に流れます。この両方の流れがバランスして全体では図のような循環向流が起きます。重力が遠心力に変わっていますが、熱拡散と同様の考え方でこの向流を熱向流と呼びます。全体のガスの流れは以上の通りですが、ウランガスはウラン235の軽いガスとウラン238の重いガスから成り立ちます。重いほど、遠心力は強く働きますので、循環向流のうち外側の流れは重いウラン238が多く、流れている間にウラン238が貯まってきます。逆に内側の流れは軽いウラン235が貯まってきます。そこで、回転胴の上下端板に抜き出し穴を設けると下の穴からウラン235の多い濃縮分（プロダクト）が

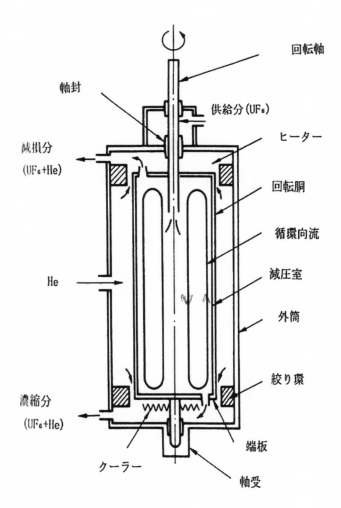

図4：高島方式遠心分離機 [7]

抜き出され、上の穴からウラン238の多い減損分（ウエスト）が抜き出されます。このプロダクトとウエストが混合しないようHe（ヘリウムガス）が外筒側面から注入されています。ヘリウムガスを使ったのは、ヘリウムがウランガスと反応せず固化温度が極めて低くコールドトラップで容易にウランガスと分離出来ること、又、軽いため回転体と周囲ガスの摩擦による発熱（風損）が少ないことによります。コールドトラップは、ウランガスを液体窒素で極低温に冷やし、凝固温度の高いウランガスを固化して捕集し、混じっている空気やヘリウムのような凝固温度の低いガスを通過させて取り除くという役割を果たすものです。

　3号機の回転試験を行っている1969年3月、「理研で、ガス拡散法により初めてウラン濃縮の基礎実験に成功」と報道されました。動燃はこれに対抗するため、中村本社部長の指示で、急遽東工大小型機を動燃に持ち込んでウラン試験を行い、分離効率約50％を得たとし、同年5月に「遠心分離機による濃縮試験に成功」と発表しています。このお陰で、同時期に設置されたウラン濃縮技術開発懇談会で遠心法がガス拡散法と並び立つこととなり、同年8月、原子力委員会は、濃縮を国の特定総合研究に指定して、短期間に濃縮の将来の方針を決めることとし、遠心分離法は動燃、ガス拡散法は理化学研究所と原子力研究所が協同して

開発を行うこととしました。

5. ウラン濃縮用遠心分離機の開発本格化

　私は、先ず4号機の設計に参加しました。4号機は3号機と違い、前述のZippeの遠心機をお手本として、このスクープ方式を取り入れることになっていたのですが、実際にスクープ管からどれぐらいの圧力でガスが抜き出されるのか分かりません。スクープ管の先端はガスの流れの方向を向いていてガスの動圧を利用してガスを抜いていますが、ガスがスクープ管に衝突した後、回転して次にスクープ管に衝突するまでにどの程度回転速度を回復しているのか分かりません。あまり回復しないだろうという意見がありましたので、静圧だけを利用することとし、抜き出し面積が広い円盤型のスクープとしました。この遠心分離機が完成して、ウランガスを入れた実験を行うと、円盤型スクープの発熱量が多く、温度が上がって回転胴が伸び上の静止体にぶつかるので、ウランガスの分離試験もろくにできない失敗作となりました。私に大きな責任がありますので、スクープ法は私のトラウマとなってしまいました。

　次に私の業務として、玉井氏から、「来年システム試験と称して、9台の遠心機で、カスケード試験をやるので、カスケードの設計をやれ」と言われました。カスケードとは、1台の遠心機で濃縮される濃縮度は低いので、濃縮されたウランを次の段の遠心分離機に供給し、そこで濃縮されたウランを更にその次の段の遠心分離機に供給すると

いった連続の濃縮作業を行い、所定の濃縮度にするもので
す。運転課では1969年8月から高島方式を採用した3号機
のウラン分離試験が始まっていましたが、データを見ると、
理論的に得られる最大分離パワーに対する分離効率が僅か
数％程度で、しかも不安定で再現データもなかなか得られ
ません。遠心機の回転も、寿命が短く、たかだか1週間程
度でボールベアリングの潤滑に使っているオイルのシール
が破損し、停止してしまいます。この様な遠心機を9台も
作ればメインテナンスだけでも莫大な人手がかかり、無駄
なだけです。分離試験に成功したと言えば歴史的意義は有
るとも言えるでしょうが、実用遠心機としては、これでは
駄目だということです。「これでどうやってカスケードの
設計をするのだ？」と聞くと、「分離効率50％、寿命10年
で設計しろ」とのことです。ウレンコが寿命10年を目標
にすると発表していたのでこれに倣ったのでしょうが、3
号機のような構造で、いくら改良しても1週間の寿命が10
年になる訳が有りません。ガス拡散法に対抗するためのあ
せりから、この様な滅茶苦茶なことを言っているのでしょ
う。私は「先ず、まともな遠心機単機を作ってからカス
ケードに進むべきだ」と主張しました。また、3号機の構
造上の大きな問題点は、図4に示す様に、ウランガスどう
しのシールにヘリウムを使っていることです。カスケード

で次の段に送る時に、このヘリウムとウランガスをコールドトラップで分離する必要がある筈です。このコールドトラップはかなり大規模な設備ですからこれをカスケードの一段毎に設けていたら、経済性など出る訳がありません。そう主張していると、ヘリウムが入っていた方がウランの分離が良くなるという文献[9]があると言って渡されました。その文献を読んで直ぐ間違いがあることに気付き、正しい計算をし、分離は必ず悪くなることを証明し、定量的にもどの程度悪くなるかを示し、関係者に説明しました。実験でも証明すべきかもしれませんが、分離効率が余りに低く、精度の良い実験データを得るのは無理です。この理論解析結果には絶対の自信があり、後に原子力学会誌に論文[10]として掲載されました。しかし、東海の濃縮技術開発部では誰も計算の中身を理解できず、信用してもらえないため、核燃料部門技術トップと言われていた中村本社部長であれば理解して貰えるだろうと思い、東京の本社に行って中村部長に直接説明しました。40分ぐらいの説明を終えて部長の顔を見ると、部長は「俺は数学が弱いからな」と言いました。私は糠に釘を打つような話だったのかと思って、がっかりして帰りました。

6. システム試験機

　しかし、中村部長は私の計算の中身は分からなくても、私の言うことを信用してくれました。「カスケード試験計画を止め、遠心分離機単機の開発に集中する。また、これまで、遠心分離機の製作は東芝のみであったが、オールジャパン体制を採る」と宣言しました。日本のメーカーに参加を募ると、いくつかのメーカーが参加希望を申し出ましたが、最終的には東芝以外に日立製作所、三菱重工、川崎重工がプロジェクトに参加することになりました。中村部長は予算獲得に使ったシステム試験機という名前は残しながら、各メーカー別々に自分の得意な技術を活かした遠心機を作るよう要請しました。そして、遠心機がどの様なものか分からない新規参入メーカーには、動燃から講師を一人ずつ派遣することとし、私は川崎重工に派遣されることになりました。明石の研究所に1週間行って、木下部長等と製作する遠心分離機の検討をしました。彼等は「ガス軸受が得意なので、これで回転体を回す」ということでした。ガス軸受であれば、非接触タイプなので、相当の寿命が期待できます。3号機ではその後も約3年分離試験を継続していますが、回転性能、分離性能共ほとんど向上しませんでした。何故分離しないのか分からなかったので、この方式を諦め、前述のマンハッタン計画時にアメリカが採用した外部向流方式 (1) に戻って検討しました。この方式

はBeams方式とも呼ばれ、アメリカが開示した情報の中に詳細な実験データまで載っており、40％程度の分離効率を得ています。遠心分離機の構造図の一例は、図1に示しました。ガスの流し方についてもいくつかの実験を行っていますが、その中で特に参考になる例を図5に示します。この方式は、上下端板の同じ半径位置にAとB、CとDの様に、夫々ガスの供給孔と抜き出し孔を設けています。ソース（SAUCE）から供給された流量L mg/secのフィードガスは、流量計（FLOW METER）を通って取り込み口（INTAKE）から上部端板を通ってAから回転胴内に供給されます。同量のガスが下部端板のBから抜き出され、下部軸に付いている遠心ポンプ（CENTRIFUGAL PUMP）から排出されます。排出されたガスのうちP mg/secはプロダクト（この場合劣化ウラン）としてコールドトラップに捕集され、残りの流量L-P mg/secは下部端板のCから回転胴内に再循環されます。そして、同量のガスが上部端板のDから抜き出され、捕集器（COLLECTOR）でウエスト（この場合濃縮ウラン）として捕集されます。この流れのパターンであれば、熱向流やスクープ向流と違い、上下端板の同じ半径位置の小さい孔からガスを等量給排気していますし、端板を離れたガスは高速回転している場合、半径方向に動き難いので、図5の回転胴内に破線で示される

50

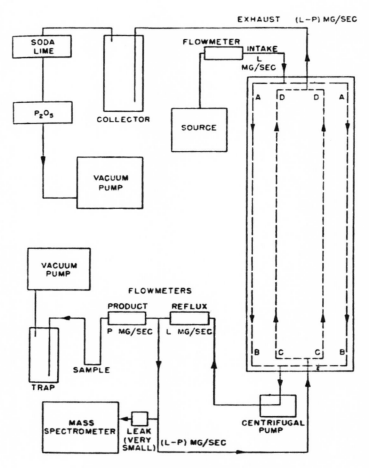

Fig. 5.1—Diagram of Type I operation for a single machine.

図5：Beams の向流方式 [1]

ような分離にとって望ましい流れになっているのではないかと考えました。しかし、この方式は、ガスの吸排気機構が極めて複雑な構造になるだけでなく、図1に示すように、回転胴の中心の細い回転軸からガスを抜き出すので、遠心機の回転速度が3号機程度の速さになると、中心部のガスが希薄化し、必要な量のガスが抜けなくなります。このため、図6に示す種々のタイプの流れのモデルについて検討しました。この図は後に原子力学会誌に投稿した論文[11]から引用したものです。この図は、種々の流れのパターンを示しています。長方形が個々の回転胴を示し、左側が中心軸、右側が回転胴側壁で、Fがフィード、Pがプロダクト、Wがウエストです。図5の向流方式は、ケース（d）にあたります。私は今回、この中で（e）の「Pタイプ無循環内部還流向流（P type no-circulation internal reflux countercurrent flow）」と名付けたパターンを採用することとしました。ここで、上下端板の同じ半径位置にガスの供給孔と抜き出し孔を設けるのはBeamsの方式と同じですが、回転軸からガスを抜き出すのではなく、上端板から回転胴外に直接ガスを放出してプロダクトとし、供給する下端板の最外周に抜き出し孔を設け、ここからガスを回転胴外に放出してウエストとしました。また、供給孔からウエストの抜き出し孔へ直接ガスが流れないようこの部分を

52

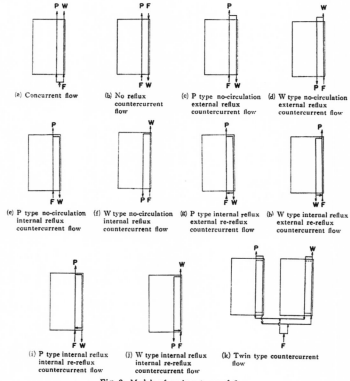

(a) Concurrent flow

(b) No reflux countercurrent flow

(c) P type no-circulation external reflux countercurrent flow

(d) W type no-circulation external reflux countercurrent flow

(e) P type no-circulation internal reflux countercurrent flow

(f) W type no-circulation internal reflux countercurrent flow

(g) P type internal reflux external re-reflux countercurrent flow

(h) W type internal reflux external re-reflux countercurrent flow

(i) P type internal reflux internal re-reflux countercurrent flow

(j) W type internal reflux internal re-reflux countercurrent flow

(k) Twin type countercurrent flow

Fig. 2 Models of various types of flow

図6：種々のタイプの流れのモデル(11)

温めて、熱向流の時に示したように外側から内側への流れを作り、内側から外側へ直接流れる流れを打ち消すこととしました。供給、抜き出し孔の半径位置の最適値は拡散方程式を解くことにより得られます。拡散方程式は、濃度が低い低濃縮ウランの場合は線形方程式になるため数値解析的に比較的簡単に解くことができました[11]。計算により得られた濃度分布を図7に示します。回転胴内のU235の濃度の等高線が中心軸に対し左右対称に示されています。もし流れが無ければ、濃度は軸方向に一定になり、等高線は垂直になるでしょう。流れが大きくなるに従って、等高線は倒れてきます。供給、抜き出しの流れが内側黒塗りの部分と最外周部分にしかないので、流れの無い部分では等高線が立っており、流れがある部分では倒れています。Beamsは（a）の並流（Concurrent flow）の場合の実験も行い、向流の方が良いと結論付けていますが、この計算により、どの様な流れのパターンが良いかを知ることが出来ます。またこの計算により、流れのパターンについては仮定していますが、内側流の半径位置やフィード流量等の遠心分離機構造や実験上必要なパラメーターについての最適値も知ることができました。川崎重工にこの分離方式の遠心分離機を作って貰い、東海事業所でウラン分離試験をやると、いきなり40％を超える分離効率が得られました。

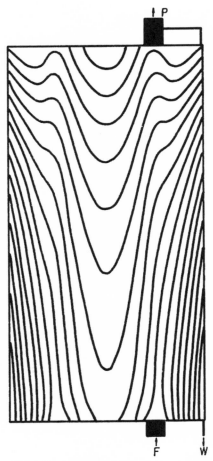

$F^*=41.7$, $\theta=0.5$, $a_1=0.1$, $r_1=0.5$, $a_2=0.01$,
$r_2=0.99$, $z_l=8.0$, $\Delta A=0.1107$, $\eta=60\%$

図7：濃度分布の計算例 [11]

これは日本のウラン分離試験上、極めて大きな一歩と言えるでしょう。

　この頃本社では、大学教授、メーカー技術者等を集めて、次の5つの部門の専門委員会を設置しました。回転胴材料、軸受・軸封、UF6取扱、計測制御、分離理論です。そこで中村部長に「専門委員会で議論するのなら、私も参加させてください」と言いました。すると部長は「この専門委員会は、失敗した時の言い訳のために作ったのだ。お前は実際の開発を進めていれば良い。大学の先生方に実状を知らせるとすぐ喋るので情報管理に問題が出てくる。個人的にもあまり接触するな」とのことでした。大学の先生方にとっては酷い話です。

7. 標準機

　各社のシステム試験機の実験データが出揃った頃、中村部長は濃縮関係の主要メンバーを集めて、「競争と協調の精神でやるが、今度は協調の番だ。無駄な遠心機を回していてもしょうがない。得られたデータを評価して、最適な遠心機となる標準機を作る。この設計を、甲斐、お前やれ」と言いました。「ではメーカーとも相談して」と言いますと、「メーカーとは相談するな。相談すると皆勝手なことを言う。それでは標準機にならない。お前一人の考えでやれ。期間は3か月だ」とのことでした。「よし、やってやる」という気持ちになり、ファイトが湧いてきました。川崎重工の木下部長から電話が入り、「このプロジェクトは甲斐さんが間違えれば失敗する。間違えないでくださいよ」と言われ、責任の重さを改めて噛み締めました。

　先ず、経済性達成が目的であるとし、経済解析コードを作りました。分離性能の計算コードは既に持っていました。圧力分布の計算、風損の計算、応力計算、振動計算、熱温度分布計算等は機械工学ハンドブックと化学工学ハンドブックの計算式を使い、これ等計算により可能な限り定量的にパラメーターサーベイを行いました。遠心機の要素別に評価選定し、目指すべき遠心機の具体像を描き出しました。この結果決めた回転胴直径は、後の商業プラントまで変わりませんでした。最も腐心した点は寿命10年をどの

ようにして達成するかです。3号機の寿命が1週間しかな
いのは、ボールベアリングのような接触型の軸受とオイル
を閉じ込めるために接触型のゴムシールを使っているから
です。理想は完全非接触型の軸受です。川崎重工が提案し
たガス軸受は非接触型の軸受ですが、高圧のガスが回転胴
の雰囲気となるため、風損による動力消費が極めて大きく、
経済性が出ません。今一つのアイデアは三菱重工が提案し
た磁石による完全中吊り回転胴です。磁石を全て永久磁石
にして安定させるのはアーンショウの定理からいって不可
能です。そこで、回転胴上部の軸受を制御型としてミニ
チュアモデルを製作したのですが、当時は未だ半導体が極
めて高価で、半導体を使う制御装置では経済性が出るべく
もなく、このタイプを諦めました。上部は明らかに磁気軸
受が良いのでしょうが、磁石で回転胴の重量のかなりの部
分を支えたとしても、残りの重量を安定的に支える非接触
の軸受が下部に必要です。この点あまり良いアイデアが無
かったのですが、ボールベアリングでは寿命が短いので、
プレインベアリングとしました。これは、最下部なのでオ
イルシールが不要で、回転体と固定体の固体同士の直接の
接触をオイル膜で防ぐというアイデアです。上下の端板か
ら放出される濃縮ウランと劣化ウランの混合を防ぐために
は、ヘリウムガスではなく、分子ポンプを使うこととしま

した。分子ポンプ（Molecular pump）は図3のZippeの遠心機に使われているものです。分子ポンプの性能計算は、Hodgson[12]により超越方程式の形で表されていたので、この方程式の収束計算のプログラムを作り、分子ポンプのネジの形状の値を計算しました。また、分離性能の計算式はCohenにより与えられており、理論的に得られる最大分離パワーは回転胴の周速の4乗に比例し、長さの1乗に比例します。周速の上限は回転により発生する遠心力に耐える材料の比強度で決まります。そこで、回転胴材料としてアルミニウム合金や高張力鋼より更に高速に回せるカーボンファイバーやグラスファイバー等を樹脂で成型した繊維複合材を選びました。回転胴を長くするためには、直径を大きくして全体を大きくするより、細長くした方が一般的に経済性は上がります。しかし、全ての物体は形状と材質で決まる固有振動数が有り、細長くすると、固有振動数が下がります。回転体は、回転数が固有振動数に一致すると共振して大きく振動します。この現象は、例えば洗濯機等で見られ、ポピュラーなものです。この頃はこの共振点を超える技術がありませんでした。そこで、回転数が共振点以下となるよう回転胴を短いサブクリティカルの長さとし、共振点を超えるスーパークリティカルの技術は将来の課題としました。このようにして、回転胴の周速と寸法を

決めこの回転胴で得られる分離仕事量を算出しました。更に、世界市場で売られている分離仕事量当たりの単価と寿命10年とした場合の遠心機のコストを算出し、遠心機やプラント機器の部品毎のコストを割り当てました。

　全部一人でやらなければならないため、睡眠時間は7時間→6時間→5時間となり、最後は徹夜で仕上げました。当時は未だワープロが余り普及していなくて、手書きで文章を書いていました。中村部長の指示は唯一「お前は字が下手だから、誰かに清書して貰ってこい」でした。そこで、若い人に頼んで清書してもらいました。また、課長が心配して徹夜に付き合って、コピーを手伝ってくれました。朝、やっと必要部数のコピーが終わって、東海駅から特急に飛び乗って東京の本社に持って行きました。動燃とメーカーのお歴々が並んでいる中で、内容の説明をしました。当然この内容は、発表まで、私以外は誰も知らない完全ノーチェックでした。濃縮はこの数年後には、年間100億円を使い、高速増殖炉と並んで日本最大のプロジェクトとなります。私は未だ28歳でした。空前にして絶後の進め方でしょう。この発表内容は後に「遠心分離機の標準化概念設計」[13] という題で社内報に載せました。

　この遠心分離機の標準化にすぐ反応したのは川崎重工で、「うちが作った遠心分離機は、分離性能でも寿命でも断ト

ツだった。何故うちの遠心分離機ではダメなのか？」と聞かれました。これに対し、「ガス軸受では、消費動力が大きすぎ、経済性が出ない」と答えました。川重は中村部長の所にも行きましたが、部長の「これ以外はやらない」と言う答えを受けて、悩んでいました。モーターや磁気軸受は苦手で、まして競争相手が東芝、日立、三菱では勝てる可能性が低いとして、最終的には遠心法からの撤退を決めました。最後に木下部長等担当者が来て、「もっと甲斐さんとやりたかったのですけどねえ」と言って、肩を落として帰って行きました。こうして東芝、日立、三菱重工の3社体制が出来ました。3社は夫々約100人の専従者を配置し、動燃も約100人（その後増えて約200人）の合計400人体制で開発を進めました。3社はこの概念設計を基本として検討を進め、夫々メーカーの立場からの概念設計、詳細設計、製造そして回転試験を行いました。標準機についてはこれ等経験を踏まえ、さらに、標準化2次、3次と進め、改良していきました。

　この頃、極めて幸運なことに、ヨーロッパからピボット軸受の情報が入りました。これは、回転軸の最下端を半球状としてこれにネジを切り、静止体との軸受隙間に入ったオイルを下部の軸心に押し込むようにして回転体を浮上させようというものです。回転していない時は接触していま

すが、回転している時はオイルの上に浮いていますので、非接触軸受といえ、標準機にピッタリです。下部が支えられ、上部が揺れるので堅形コマ型方式とも呼ばれました。Zippeの遠心機[4]（図3参照）と似ているため、ジッペタイプという人もいました。Zippeの遠心機と大きく違う点は、下部軸受にZippeは細い鋼製の針を使っているのに対し、ピボット軸受を使っている点です。針では重い重量を支えられませんから、Zippeの遠心機の回転胴は極めて小さく、径が6.85cm、長さが28cm、重量が約500gしかありませんでした。寿命的には1年半程度以上持つことが耐久性試験で証明されています。しかしこの実験で、針先が摩耗しており、10年持つとは到底考えられません。日本で、1〜3号機までジッペタイプが採用されなかったのは、Zippeの遠心機があまりに小さく、実用にならないと考えたからだそうです。

　更に、海外の回転胴製造に関する特許情報が得られるという幸運が有りました。これは金属を圧延する技術で、薄肉で精度の良い回転胴の製造が可能となりました。以前は回転胴をバイト、旋盤で削り出して作っていたため、回転胴は肉厚が厚く、重い物でした。東海事業所で遠心分離機を回す時、2階の床に遠心分離機を設置していましたが、回転胴が破損した場合、轟音と共に、建屋全体を揺るがす

程の振動が発生しました。しかし、薄肉回転胴ができてからは、破損してもはるかに小さい揺れしか起こらないようになりました。繊維複合材回転胴は繊維直角方向の強度が繊維方向に比べ大幅に落ちる、成形性が悪い、熱に弱い等のディメリットを持っており、製造の信頼性の面でもなかなか進歩しなかったので、当面は高張力鋼による金属胴を採用することとしました。

　遠心機の開発に関連する技術で他分野に応用され、役に立った最大の例は、高周波電源でしょう。商用電源の周波数は50サイクル／秒か60サイクル／秒であり、遠心分離機の高周波電源の周波数は桁違いに高くなければなりません。1、2号機の頃は、高周波電源は交流を直流に変換して、チョッパーで必要な周波数に切り、交流に戻していました。このため、高周波電源装置は巨大なものとなり、見ただけで経済性が出る訳がないと思えました。しかし、その後、半導体の進歩により安価な周波数変換器が開発され、この応用で、今や、エアコン、冷蔵庫といった家電にまで周波数変換器が使われています。今一つの例はCFRPです。最初、東レがこの糸を供給して、遠心分機製造各社が成型していました。この開発費の一部を動燃が出していましたが、やがて、断られるようになりました。CFRPは軽くて強いとして、現在、車や航空機にまで使われています。東

レはこの状況になることを予想して、動燃が紐付きになる
のを嫌ったのでしょう。

　標準機タイプの遠心分離機を最も早く作り、回転試験を
行ったのは三菱重工でした。しかし、三菱重工の遠心分離
機は高速回転ができませんでした。回転体は、低速で回転
する場合、回転軸と軸受の形状で決まる位置で回転します
が、高速になると、回転体の重心の位置を中心に回転しよ
うとします。形状で決まる中心の位置と重心の位置はどう
しても若干のズレが生じますので、軸受に反力が生じ、振
動となって、高速回転ができないのです。私はこの話を聞
いて、やはりそう簡単ではないと改めて回転技術の難しさ
を認識しました。しかし、やがて東芝から朗報が入りまし
た。「上手く所定の定格回転数を達成できたので見に来て
くれ」とのことです。川崎市にある東芝の機械研究所に行
くと、大輪氏がにこにこ顔で出迎えてくれ、回転機構につ
いて以下の様に説明してくれました。下部軸受を水平方向
に自在に動くようにして、中心を磁石で位置決めし、振動
に対しオイルの摩擦でダンピング力を与えるものです。上
部軸受は磁石とし、誘電によるダンピング力を与えるよう
にしています。回転技術の進歩に於ける貢献度では、大輪
氏とこのグループがNo.1と言えるでしょう。私はこの技術
を他の2社にも開示し、実用遠心分離機の実現化を図りま

した。ここで、日立から異論が出て、「この様に水平方向にふらふらであれば、地震の時、回転体が固定体にぶつかって破損するのではないか？」と言われました。確かにその指摘通りです。通常の耐震ダンパーでは、装置全体を耐震架台の上に載せますが、その様なことをしていたら経済性が出る訳がありません。私にはこの解決策は見当もつかず、直ぐ3社に検討を依頼しました。やがて、三菱重工から、振れ止めという上手い案が見つかったと言う連絡が入りました。三菱重工の名古屋工場に見に行って、耐震試験装置の上に遠心分離機を設置し、実際に振動させて破損しないことを確認しました。この振れ止めは小さくて経済性に有意な影響を与えるような物ではありません。後に外国の遠心分離機技術者と会った時、「日本のような地震国で、何故遠心法が成立するのか分からない」と言われたことがあります。その秘密はこの振れ止めです。これにより、実用遠心分離機の実現化の見通しが立ってきました。

　動燃の主たる役割はウランの分離試験です。ウランガスは放射性物質なので特殊な管理区域で取り扱う必要があり、メーカーではできません。遠心分離機を回すために、各メーカーから夫々2名程度の出向職員を受け入れていました。最初は各メーカーどうしのライバル意識が強く、自社の遠心機を他社からの出向職員に見られないように、衝立

で囲って試験をしていました。東芝から来た桑原氏は回転
試験に精通していて、回転試験に問題が起きると頼りにな
る存在でした。ある時、三菱の遠心分離機が回転試験中に
振動が異常となり、異音を発生し始めましたので、桑原氏
に面倒を見てもらおうと思い、管理区域から「すぐ来てく
れ」と電話しました。彼は少し時間が経ってから来ました。
後で、彼は少し遅くなった理由を「今迄、他社の遠心分離
機は見ないようにしていたので、面倒見て良いかどうか東
芝本社に問い合わせた。本社は甲斐さんに頼まれてやらな
いと言う訳にはいかない。他社との調整は本社でやるから
面倒を見てやってくれと言った」と言っていました。この
ことが一つの契機となって、メーカー同士でも協力し合う
雰囲気が出てきました。

　この頃は、年平均でも月200時間程残業していました。
帰宅は、今日は風呂に入るから11時半、入らないから12
時半といった具合でした。残業として扱ってくれるのは月
15時間迄でしたから、2日分しか残業になりません。全部
残業として扱ってもらえるのなら、給料は倍ぐらいになり
ます。後はサービス残業とも言えますが、「残業をやる
な」などと言われたら仕事の責任を果たすことが出来ませ
んから、やれるだけでもましだという感覚でした。

8. カスケード試験装置

　1972年ウラン濃縮技術開発懇談会の報告を受け、原子力委員会は遠心分離法を高速増殖炉と並んでナショナルプロジェクトに指定しました。この決定は、遠心分離機の技術開発がある程度上手くいっていたということもありますが、遠心法の方がエネルギー消費量は少ない、比較的小規模でも経済性が成り立つ、遠心分離機が日本のメーカーの製造技術に適しているといった一般論から役所筋の支持を得たことも大きかったと思います。この結果として予算も大幅増額が可能となり、本社は「遠心分離機単機の開発に目途が立った、さあカスケードだ」としてカスケード試験装置の予算要求を進めました。

　カスケードの基本式は、当該段から見て下の段の濃縮ウランと上の段の劣化ウランを混合して当該段に供給するという簡単な結合の式で、差分方程式で表されます。Cohen等[2]の今迄の解析は、ガス拡散法のように1段の濃縮の割合が小さく段数が多い場合を想定し、この差分方程式を微分方程式で近似して解析計算を行っています。しかし、遠心法の場合は1段の濃縮の割合がガス拡散法に比べてかなり大きく、供給流量にも依存するため、正確に計算するためには新しい方法を考えなければなりませんでした。そこで、この差分方程式を近似せずにそのまま解く方法を見つけ、新たなカスケード解析手法を開発し、その特性解析

を行いました。この解析は後に原子力学会に論文として掲
載されました[14]、[15]。この表題を「遠心法による<u>低濃縮
カスケードの基本特性</u>」としたのは、核兵器製造に寄与す
る高濃縮領域は取り扱わないということを敢えて強調した
かったからです。本社は、C-1、C-2の2つのカスケード
を2年に亘って建設する予算を要求する計画でしたので、
C-1はアイデアルカスケード、C-2はスケアードオフカス
ケードとしました。アイデアルカスケードとは、下の段か
ら来る濃縮ウランの濃度と上の段から来る劣化ウランの濃
度が同じになるようにカット（プロダクト流量のフィード
流量に対する割合）の値を選んで、混合損が無くなるよう
にしたもので、カスケード効率は理論上100％です。図8
に2例のアイデアルカスケードの形状を示します。縦軸が
段数、横軸が各段の遠心分離機の台数で、K_Tが全台数で
す。低濃縮領域では遠心分離機のカットが全て一定になり
ますが、各段の遠心分離機の数が変わってくるので、設置
形状が悪く設置面積が大きくなるという欠点が有ると考え
られます。

　スケアーカスケードとは、各段の遠心機の台数を一定に
したもので、設置形状は良くなりますが、混合損が起こり、
カスケード効率が悪くなります。スケアードオフカスケー
ドは、段の遠心機の数の違うスケアーカスケードをいくつ

か繋ぎ、ある程度アイデアルカスケードに似せて分離効率
を向上させたものです。図9にスケアーカスケードとスケ
アードオフカスケードの形状とカスケード効率を示します。
図で横軸が段数で縦軸が各段の遠心分離機の台数です。ス
ケアーカスケードで75%のカスケード効率が5ステップの
スケアードオフカスケードでは89%に改善されます。

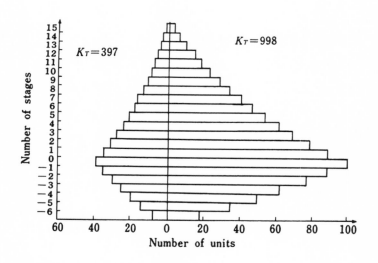

図8：アイデアルカスケードの形状 [14]

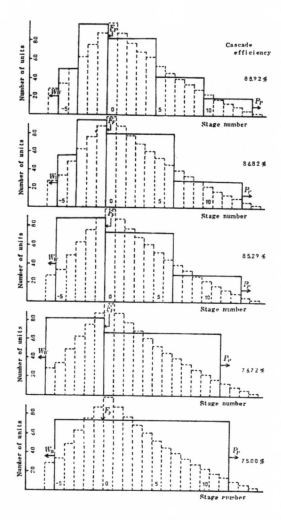

図9：スケアーカスケードとスケアードオフカスケードの形状とカ
　　　スケード効率 [15]

　上記計算手法によれば、遠心分離機の性能には仮定が入り、又、低濃縮域に限りますが、マスバランスがとれており、カスケード効率が正確に計算できます。カットやフィード流量が変わった場合、カスケードの途中から抜き出した場合、プロダクトの一部をフィードに還流した場合等についても計算しました。そして998台の遠心分離機によるカスケードが個々の遠心分離機のリーク量、流量、カット、分離係数が設計値からずれてばらつきを持っている場合について、それ等の値が平均値と分散の値を持っているとして特性解析をしました（図10参照）。これにより、カスケードのプロダクト流量（P）とプロダクト濃度（N_P）はばらつきが大きいが分離パワー（δU_T）はあまり変動しないことが分かります。こうして、遠心機の性能のばらつきに対する仕様を決めることが出来ました。更に動特性の計算もしました。図11にその結果の一部を示します。これは濃縮域16段、回収域5段のカスケードにガスを供給し始めた時の挙動を示すものです。横軸にフィードをはじめてからの時間、縦軸にカスケードのプロダクト流量（P）、ウエスト流量（W）、プロダクトの分離係数（a_T：プロダクトの濃度／フィードの濃度）、ウエストの分離係数（β_T：フィードの濃度／ウエストの濃度）、カスケードの分離効率（$(\delta U_T) / (\delta U_T) \max$）を示します。ここで、

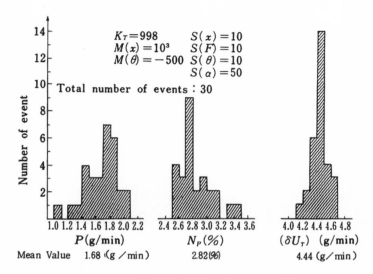

図10：遠心分離機のリーク量、流量、カット、分離係数のばらつきのカスケード性能に与える影響 [14]

(δU_T) max は最大分離パワーで、理想カスケードの分離パワーです。フィードを始めると、回収域の段数が濃縮域の段数に比べ少ないため、先ず回収域からウエスト（W）が流れ出し、遅れてプロダクト（P）が流れ出し、遠心分離機の時定数（3分程度）の300倍（15時間）程度で平衡に達します。これはガス拡散法に比較し極めて短く、遠心法の有利な点です。また、ウエスト濃度を表す β_T もプロダクト濃度を表す α_T に比べてかなり速く平衡に達します。これも回収域の段数が濃縮域に比べ、少ないからです。特

76

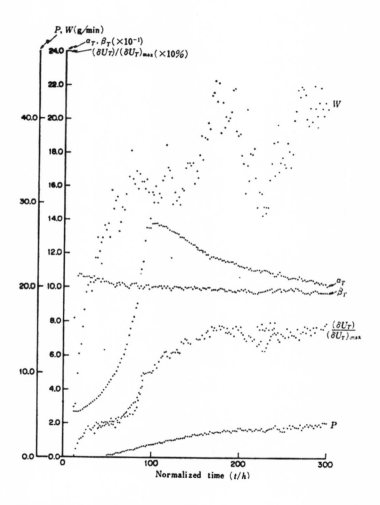

図11：カスケード起動時の特性 [15]

徴的なのは、α_T、β_Tが一度大きい値になって、下がりながら平衡値に近づいていることです。これは、遠心分離機は流量が少ない時に分離係数が大きいという特徴を持っているからです。この事は遠心分離単機の分離試験を行う時にも注意すべき点です。最初、流量が少ないときにサンプリングをして濃度を測り、定格流量の時の値として分離性能を計算すると、分離性能が実際より大きいと評価されてしまいます。例えば、最初のウラン分離試験用に、東工大小型機で約50％の分離効率を得たとして、大々的に新聞発表しましたが、同じ分離方式の3号機では僅か数％程度の効率しか得ていません。理論解析の結果からも東工大小型機で約50％の値が得られるはずがありません。動燃の最初の頃の実験データのばらつきが大きかった理由の1つは、このためだと思われます。

　これ等解析結果を基にC-1カスケード試験装置の概念設計を行いました[16]。この内容は、遠心機の設置形状。冷却方式、補器、電源計装、建屋、プラント据付け、運転、保守、遠心機破損時の対応、経済解析等プラント全体に関する検討を行っていますが、遠心分離機の仕様は未だ十分には決まってなく、また、システム試験機で名目上カスケードの試験をやったことになっていても、実際にはカスケードのデータは無かったので、ここで、今迄の遠心分離

機運転の知見を整理し、検討項目を提案したものでした。スケアードオフカスケードを強く意識したのは、ガス拡散法のプラントでは、スケアードオフカスケードが採用されていたからです。

　これ等の計算を行っているうちにC-1カスケード試験装置の予算が付き、1972年10月、本社転勤となりました。カスケード試験装置概念設計に基づいて、具体的なプラント設計を東芝、日立、三菱重工のメーカー3社の技術者を集めて、設計委員会を開いて進めました。三菱重工担当者から「遠心分離機の動燃担当者は甲斐さんという、カスケードの担当者も甲斐さんという、プラントの担当者も甲斐さんという、動燃には甲斐さんという珍しい名前の人が3人もいると思っていましたよ」と言われました。遠心分離機の寸法、性能、カスケードの形状、各段の遠心機の台数等は概念設計どおりとし、遠心分離機の実際の設置方法、カスケード配管、ウランガス供給回収設備、計装設備、建屋、換気空調設備、放射性物質取り扱い設備等プラント全体の工事方法を含めた具体的設計を進めました。3社夫々担当箇所を決めて、検討結果を会議の場で評価し合いました。議事録を取るのは、3社で順番に担当して貰い、会議の終わりに議事録確認を行っていましたが、そこでまた文句が出、議論が白熱してなかなか会議が終わりません。

「これでは効率が悪い」と指摘されましたので、私が自分で議事録を書き、最後に議事録確認はせずにこれをコピーして3社に配りました。誰も文句を言いませんでした。三菱重工は広島造船所が担当でしたので、担当者は夜行列車に乗り広島を出て、朝東京に着き、10時からの設計委員会に臨みました。設計委員会の激論は続き、終わるのは7時過ぎでした。もう夜行の最終が出てしまっているので、彼等は新幹線で名古屋まで行き、夜行に乗り換え朝広島に着いて、工場に出て社内検討を行っていました。週2回設計委員会を開きましたので、彼等は週4日、寝台車で寝ていたことになります。これを知った事務系の上司の一人が「そんな馬鹿なことをやらすな」と言いましたが、無視しました。担当者は、皆燃えていました。

　C-1カスケード試験装置の設計が終わり、東海事業所にJ棟が建設され、上記メーカー3社によりC-1カスケード試験装置の建設が始まりました。私は本社で引き続きC-2カスケード試験装置の設計を担当しました。先ず、東海事業所で行われている遠心分離機の実験をやっている担当者の協力を得て実験データの検討をして、遠心分離機の標準化概念設計に倣って設計検討を行い、C-2用遠心分離機の仕様を決めました⁽¹⁷⁾。C-2カスケード試験装置はパイロットプラント建設可否を判断するのに必要なデータを与

えるものであり、あまり冒険は出来ないとして実績を尊重
し、遠心機の周速、回転胴の材料、サブクリティカルの
ディメンション、内部循環向流の分離方式等を決めました。
ガスを端板孔から抜き出す端板法の欠点は、抜き出された
ガス圧が低いことです。これを高くすると、風損が増え動
力損が大きくなります。この対策として、ガス吹き出し口
の近くにガイドヴェーンを設け、回転ガスの動圧を利用し
て抜き出し圧を上げる事を考えました。三菱重工にこの設
計を委託すると、吹き出し速度のマッハ数の2乗程度の圧
力比が得られるでしょうとのことでした。この説明通りの
圧力比であれば10倍程度になる筈です。しかし実際にウ
ランガスで試験してみると、得られる圧力はたかだか3割
程度しか上昇しません。この理由は、取り扱っているガス
の圧力が低いため、連続流の理論が成り立たず、分子流若
しくは中間流の領域になっているからだと考えられます。
そこで、抜き出し圧力が低くても、あまり配管を太くしな
いですむような設置形状にするよう努力しました。これ等
検討結果を反映して、C-2先行機を製作し試験するととも
に、スケアードオフカスケードの形状を仕様として、C-1
の時と同様、メーカー3社を集めた設計委員会を開いて、
C-2カスケード試験装置の詳細設計を進めました。

　C-1カスケード試験装置は1974年の3月に完成しました。

また引き続きC-2カスケード試験装置の建設も始まりました。C-1カスケード試験装置の運転が順調に始まると、次はパイロットプラントだということになります。私は、当然パイロットプラントも担当するものだと思っていました。しかし、中村部長が本社の主要メンバーを集めて、「パイロットプラントは、最早、動燃の仕事ではない。メーカーは完全に濃縮をやる気になっている。もうメーカーに任せろ」と言って、私はパイロットプラントの仕事から外されました。メーカー3社から夫々2人ずつの6人が来て、パイロットプラント計画グループの担当者となり、パイロットプラント計画を進め始めました。中村部長に「私は何をやりましょうか？」と聞くと、「自分は、動燃に来て検査課を作り、課長になった。プルトニウム燃料開発室を作り、室長になった。濃縮部を作り、部長になった。お前も何か自分でやれ」とのことでした。

9. 遠心分離機性能の数値解析

　私は設計解析の担当となり、1億円程度の予算を持ちました。残された濃縮の懸案事項の中で、私が興味を持ち一番やりたかった仕事は、何故3号機が分離しなかったかを解明することです。今、上手くいっているからといって、理由が分からないままにしておくと、仕様を変更した場合、ダメになる可能性があります。分からないということが嫌いな私の性格もあったのでしょう。解明のためには、遠心分離機の回転胴内のウランガスの流れの状態を知る必要があります。ガスはマッハ5以上の極超音速で回転していて、このため10の5乗以上の圧力勾配が生じており、地球上では、他に例のない状態です。プローブ（試料の状態を測定するために、試料に挿入する計測器）を入れると、プローブによりガスの流れの状態が変わるので、回転胴内の状態を知るためには正確な解析計算が必要と考えられます。このテーマは大学の先生方にとっても興味深いもので、当時、東工大、名古屋大の原子力工学科と共に、京大の航空工学科の先生方もいくつかの論文を発表されていました。これ等の論文は境界層理論を使い、回転胴内の一部の流れを解析するもので、全体の流れの状況を知って、分離性能を正確に計算することは出来ません。そこで、私は計算機を使って、数値解析により回転胴全体の流れの計算をしようと思いました。当時、半導体の性能が未だ十分ではなく、

計算機は真空管を使うバカでかいものでした。大型計算機はIBMの独壇場で、IBM360-195という超大型計算機が、世界に10台程度あり、東京で1台商業運転されていました。新宿の住友ビルにあり、ここへ行って計算コードを作りました。教えてくれる人は勿論、相談する人もいません。情報元は本屋さんの専門書と国会図書館の論文です。但し、IBMのサービスエンジニアである霜田氏がプログラミングを手伝ってくれました。プログラムは膨大となり、プログラミングの専門知識があり、デバッキング等の手伝いをやってくれる彼無しにプログラムの完成は不可能です。また、彼はフォートランで書いたプログラムをアセンブラー（機械用語）で書き直してくれました。このため、計算時間が半分程度になり、成功の大きな要因となりました。

　流体を律するナビアーストークスの方程式は非線形性が強いので、時間の項を入れて、時間で追いかけるのが通常のやり方です。この方法にもいろいろありますので、工夫して計算したのですが、解が収束しません。1回計算すると、すぐ20万円ぐらいかかります。1日取り組んでいると、120万円ぐらいかかります。当時なら、憧れのケンとメリーの日産スカイラインが買えました。得るのは紙屑だけです。夢中になってやっていると、4千万円位使っていました。IBMが「科学技術計算でこんなに多額の金を使う

人は他にいません」と言っていました。結局、時間で追っていく方法で収束解を得るのは不可能だと結論を出しました。この時頭に浮かんだのは、非線形方程式を解く最もポピュラーな方法であるニュートン法でした。勿論、単なるニュートン法では収束解を得られる訳がありませんが、緩和係数を使う方法があるということを本で知りました。この方法でやっても収束する目途はありません。もし常識ある上司がいたら、次の挑戦を許さなかったでしょう。しかし、当時はIBMの常識外れの額の請求書でも、私が判を押せば、誰も文句を言いませんでした。お手々が後ろに回ることも頭にちらつきましたが、「ままよ、どうせ1回限りの人生だ」と思って、突き進みました。緩和係数の使い方をいろいろトライしているうちに、予想外に早く収束解を得ることが出来ました。この頃は、年6千万円ぐらいの計算機代を使っていました。

　典型的な遠心分離機回転胴の内部流れの計算結果 [18] を図12に示します。この解析モデルは、前述図6で（e）のＰタイプ無循環内部還流向流（P type no-circulation internal reflux countercurrent flow）と名付けた流れのパターンです。図で、縦軸が回転軸方向で、横軸が半径方向、その左端が軸心、右端が回転胴側壁です。↑Ｆで示すとおり下端板の中央やや外側よりの位置からフィードし、↑Ｐ

で示すとおり上端版の同じ半径位置からプロダクトを抜き
出し、↓Wで示すとおり下端板の最外周部からウエスト
を抜き出すというものです。図12（a）は流れの方向を表
す流線を示したものです。フィードされたガスはやや広
がって回転胴内を流れ、約半分が上部孔から抜き出され、
残りは上部端板の直ぐ近くを通って外側へ行き、回転胴外
壁面の近くを通って下降し、下端板から抜き出されます。
下降流のうち再度上昇流に乗るガスはほとんどありません。
もし回転胴温度が均一であれば、フィードされて上端板に
届いたガスのうち上端板に沿って外側へ行くガスの量と同
等のガスが下端板に沿って外側へ行き、ウエストとして排
出されます。この時、この下端板に沿って外側へ行くガス
はほとんど分離していませんから分離効率は大幅に低下し
ます。下端板を温め、上端板を冷やす温度分布により分離
効率の大幅な上昇をもたらしているのです。上昇流が端板
の近傍以外で下降流に交わることもほとんどありません。
これは回転ガスの特徴で、回転ガスには強いコリオリ力が
働いて、端板の近くの境界層以外ではガスの半径方向の移
動を禁じるからです。このことも分離効率の向上に役立っ
ています。回転胴外壁面の近くには、外壁面の温度勾配に
よる強い渦が巻いていて、解析計算ではスチュワートソン
レイヤー流れと呼ばれています。図12（b）は圧力分布を

示すもので、平衡圧力分布からのズレで表されています。平衡圧力分布とは、流れが回転方向以外に無い状態で、ガスの圧力が回転によって得られる遠心力に釣り合った分布になることで、この場合、最外周部と最内周部では10の5乗以上の圧力勾配になります。中心部は圧力が低いため流れの影響を強く受け、平衡圧力の2倍程度になっています。外周部では圧力が高いため、平衡圧力分布からのズレは小さくなっています。図12（c）は温度分布を示すもので、これも平均温度からのズレで示しています。最初この図を見た時、計算にエラーがあるのではないかと思いました。フィードガスの出口の所で、フィードガスの動圧が温度に変わり、温度が上がるはずなのに、出口の右側に温度ピークがあるからです。そこで、プログラムを何回も何回も見直しました。しかし、エラーは発見出来ませんでしたので、夜も寝ながら考えました。そして、この計算結果は正しい。回転胴内は外側に向かって強い圧力勾配がある。外側の高い圧力にぶつかったガスは温度が上昇するので、フィード口の右側に温度ピークが出来るのは当たり前だと思いつきました。

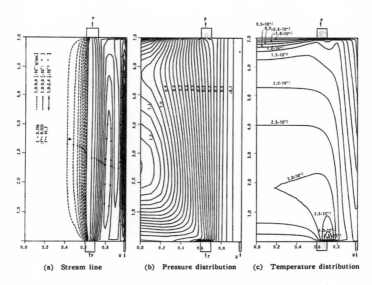

(a) Stream line　(b) Pressure distribution　(c) Temperature distribution

図12：遠心分離機内部流れの数値解析例[18]

　図13はこの流れに対する濃度分布[19]を示すもので、図
7が流れを仮定しているのに対し、実際の流れに対応する
ものです。内部循環型の外部向流を考えた時の推定が良く
合っており、実験で高効率の分離性能が得られた理由を説
明出来ています。また、3号機のように、中心からフィー
ドし、上下端板から抜き出す場合には、フィードガスが回
転すると、強いコリオリ力を受けて、上下の向流に乗らず
直接端板の近傍に行って排出されるため、ほとんど分離さ
れず、分離効率が極めて小さい値になるということも計算

90

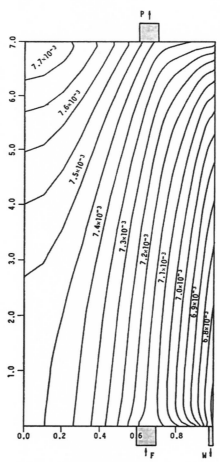

P-type: $E=0.246$, $\Delta T^*=0.031$, $F^*=41.7$, $\theta=0.5$

図13：遠心分離機の濃度分布 [19]

で証明されました。

　遠心分離機の高性能化の研究も進めました。高性能化の
ポイントは高周速化と長胴化です。高周速化では遠心力が
回転胴材料の密度に比例するため、比強度（材料強度／材
料密度）が高い程高速に回転することが出来ます。この材
料の研究に関しては、東芝は神戸製鋼、日立は日立金属、
三菱重工は三菱製鋼を傘下に夫々開発を進め、金属では比
強度の最も高い高張力鋼が使われました。長胴化に関して
は、C-1、C-2カスケード試験装置では、回転胴の固有振
動数を超えないサブクリティカルの遠心分離機を採用しま
したが、丁度この頃、極めて都合よくヨーロッパから
Zippeの特許情報が入りました。これは回転胴を長胴化す
るための技術で、Zippeが示した遠心分離機の概念図[20]
を図14に示します。図の回転胴に2か所付いているリング
状のものがベローと呼ばれるものです。これは、回転胴に
提灯の蛇腹のような曲がり易い部分を設けて固有振動数を
大幅に下げて、回転数が低い時に固有振動数を超えて、
スーパークリティカルにしようとするものです。図3で示
されたサブクリティカルの遠心分離機と同様、スクープ管
や分子ポンプが使ってあります。また、この図と同時に説
明されているのは、回転胴材がアルミニウム合金ではク
リープ現象が起きるため、マレージング鋼を使っているこ

とや下部軸を油中のベアリングに載せた回転しないディスクで支持していることで、貴重な情報でした。

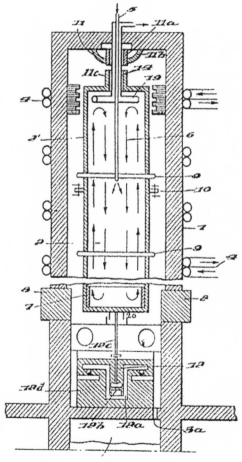

図14：Zippeのスーパークリティカル遠心機[20]

　このベローが1つであれば、2つの回転胴を繋ぐ形になりますので2連胴と呼び、2つであれば、3連胴と呼びました。このベローが外側に大きく山のように張り出せば、そこの遠心力が大きくなるため、破損する可能性が出てきます。内側に谷のように深く張り出せば、内部流の流れの状態が変わって分離性能が下がります。そこで、内側の谷の深さや形状がどの程度分離性能を下げるかを計算しました。

　図15 [19] にベローが有る場合の流れの状態を示します。図15で、（a）は回転胴全体のガス流れの状態を流線で示したもので、図12（a）と同様の条件でベローが付いた場合を示します。（b）は、（a）のベロー周りを拡大したもので、（c）は、（b）に対し温度分布が無い場合、（d）は、（b）の3角形のベローではなく、長方形のベローの場合の流線を示しています。これ等の計算結果を基に、メーカーの回転設計を実行している技術者とベローの高さや形状を決め、回転試験を行い、長胴化の研究を進めました。

94

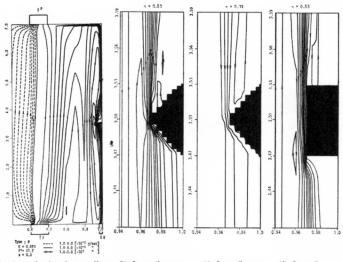

(a) Stream line throughout centrifuge whose side wall has a triangular-shape bellow, $\mathit{\Delta T}^*=0.062$

(b) Stream line near triangular-shape bellow, $\mathit{\Delta T}^*=0.062$

(c) Stream line near triangular-shape bellow, $\mathit{\Delta T}^*=0.0$

(d) Stream line near rectangular bellow, $\mathit{\Delta T}^*=0.062$

図15：ベローの流れに与える影響 [19]

10. スクープ法遠心分離機の開発

　やがて東海事業所へ戻る辞令が出て、運転1課で現場の実験を担当することとなりました。中村部長も再処理担当理事となり、濃縮を去りました。後に、氏はウラン濃縮技術開発の功労を称えられて、科学技術庁長官賞を受賞しました。その時、私は科技庁へ出す推薦状に氏の功績を書くよう人事から指示され、技術的貢献の部分については、私がやったことを書きました。更に、氏は勲三等瑞宝章と藍綬褒章も授与されました。

　C-1カスケード試験装置の運転が一年を過ぎたので、状況を調査するため、分解してみました。分解した遠心分離機の軸受部を見ると、オイルが黒く濁りウランの固形物が付着しています。これでは、後1年は運転できても、10年は運転できるはずがありません。標準機のような端板からのガス抜き出し法では、軸受部のウランガスの圧力が高すぎるのです。4号機のトラウマを捨てて、スクープ法に変えるしか方法は無いと決断しました。スクープ法をパイロットプラント建設に間に合わせなければなりません。勿論、4号機の失敗を繰り返してはなりません。4号機の時は、余りに知識が少なく周りの人に迎合してしまったのですが、この頃、内部流解析計算は、更に非線形性が強い場合でも収束解を得るのに成功していました。スクープのような静止体がある場合には、正確には3次元の解析が必要

になりますが、スクープを軸対称の振り遅れ円盤とみなし、2次元解析計算を行いました。マスバランス、運動量バランス、エネルギーバランスを取ってあるので、それ程の誤差は出ないと考え、解析結果を信用し、具体的な構造の検討を行いました。

　Zippeの遠心機における、スクープ流れの典型的な計算例を図16、17[21]に示します。図16は上部のウエストを抜き出すスクープにバッフル板が付いていない例で、（a）は上下端板の温度差が無い場合、（b）は温度差が10℃の場合の流線を示します。図の左側が中心軸で右側が回転胴側壁です。静止スクープ管により内側に掻き込まれたガスが下へ行き、下のバッフル板で回転を加速して外側へ行き、回転胴の壁面近くを上昇することによる循環向流を形成しているのが分かります。中心軸の中央Fからフィードされたガスの大半はこの循環向流に乗って下降し、一部はバッフル板の下側から回転胴の外周部へ行き、下のスクープ管から排出されます。残りは、バッフル板の上側から回転胴の外周部へ行き、回転胴側壁を通って上昇し、上のスクープ管から排出されます。下のスクープ管から排出されたガスは向流の内側流に乗っていたため軽成分のU235が多いプロダクトになっており、Pで表されています。上のスクープ管から排出されガスは向流の外側流に乗っていたた

98

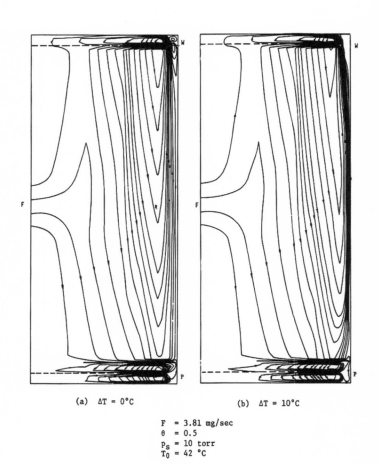

(a) ΔT = 0°C   (b) ΔT = 10°C

F = 3.81 mg/sec
θ = 0.5
P_S = 10 torr
T_0 = 42 °C

図16：Zippe の遠心分離機の内部流れ（ウエストバッフル板無）[21]

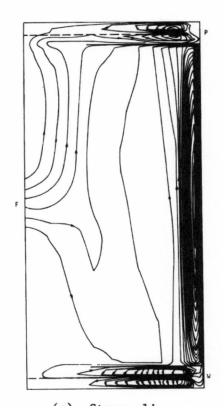

(a)　Stream line

F　＝ 5.53 mg/sec　　θ　＝ 0.41
P_S ＝ 23.3 torr　　ΔT ＝ 15°C
T_0 ＝ 48.5 °C　　δU ＝ 1.62×10^{-5}

図17：Zippeの遠心分離機内部流れ（ウエストバッフル板有）[21]

め、重成分のU238が多いウエストになっており、Wで表されています。図17は上部にもバッフル板が付いている例です。このバッフル板には最外周部に穴が開いており、ガスが流入します。中心軸からのフィードや上下スクープ管からの抜き出し等、吸排気条件は同じです。一見、上部バッフル板が付いている場合も、付いていない場合とあまり大きな差は無いように見えますが、大きな違いは向流の内側流の半径位置です。上部バッフル板が付いている場合は、無い場合に比較し、内側流の半径位置を内側に持ってくることが出来ます。内側に行くほどU235の濃度が高くなっていますので、分離効率が上がります。この傾向は、回転胴の周速が速くなるほど強くなりますから、上部バッフル板は是非必要です。バッフル板の内径は小さいほど分離効率は上がりますが、内側流の圧力が下がるため、必要な流量が取れなくなります。そこで、計算により適切なバッフル板の内径を求めました。また、スクープ管の長さ、太さ、抵抗係数は、循環流の量や抜き出し圧を決める重要なファクターで、これ等ファクターの最適値を求めました。更に、エネルギーバランスが取れているので、スクープの発熱量も計算できます。この計算結果を使って、スクープ法遠心分離機の具体案を決め、実験のパラメーターを大幅に減らすことが出来ました。

　スクープ管が無い場合は、ほとんど近似をしていません
ので、計算結果を信用できますが、ここで心配なのは、ス
クープ管を振り遅れ円盤で近似していることです。そこで、
回転胴内部の圧力分布を測定する実験を行い、計算の精度
を確認することとしました。スクープ管に圧力測定用の導
管を設け、回転流の直角方向の穴から動圧3点、並行方向
の穴から静圧3点と中心軸から中心圧を測定しました。回
転胴側壁の圧力は、回転胴内の全ガス量を測り、平衡圧力
分布を仮定して求めました。実験結果を計算結果と比較し
て図18 [21] に示します。ここで、縦軸は圧力で、Torr
（mmHg）で示されています。横軸は半径方向の位置で、
1.0が回転胴側壁です。P_{TW}はウエストスクープの動圧、
P_{TP}はプロダクトスクープの動圧、P_{SW}はウエストスクー
プの静圧、P_{SP}はプロダクトスクープの静圧の測定値で、
夫々の線が計算値を示します。カット θ がパラメーターと
なっており、0.4の場合と0.5の場合が示されています。中
心に近い希薄領域以外は測定値と計算値がかなり良く合っ
ており、スクープを振り遅れ円盤でモデル化しても、誤差
は小さいことが証明されました。回転胴側壁の圧力は
10Torrオーダーで、中心付近は10^{-3}Torr以下です。10^{-2}
Torr以下の圧力は連続流体ではなく、分子流もしくは中
間流状態であることが知られており、あまり分離性能に影

響を与えないと思われますが、この流れについては後に詳しい検討をしました。

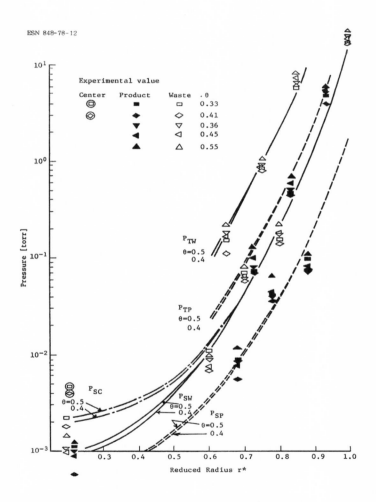

図18：半径方向圧力分布の理論値と実験値の比較 [21]

11. 学位論文

　ある時、名古屋大学の金川昭先生が私の前に現れました。先生は動燃の濃縮専門委員会のメンバーで、面識程度はありましたが、特に話をしたことは有りませんでした。ところが先生は突然、「お前はいろいろ社内報を書いているが、そんなのは何の役にも立たない。権威ある学会誌に論文として出せ。4〜5件も出したら、俺が学位をやるから」と言われました。私にはそれまで「論文」を書くという概念が無く、社内報と論文の違いが分かっていませんでした。まして、学位を貰うなどとは夢にも思ったことが無かったので、びっくりしたのですが、「世の中そんな上手いことがあるのか、よしやるぞ」という気になりました、論文を書いたことはありませんでしたが、原子力学会誌をはじめ多くの論文を読んでいたので、それ等を参考に論文を書いて、原子力学会誌に投稿しました。最初の論文は少し苦労しましたが、2回目以降はほとんどコメントもなく受理されました。4件受理された後、英文で出した方が良いという意見を頂いて、後の2件は英文で出しました。2年少々かかりましたが、6件の論文を持って先生の所へ行きました。先生は既に論文を知っており、「これで良い。全部束ねて、全体の要旨と意義、目的、背景を書いた序と結論を付けて持ってこい。学位論文を書いて良いかどうかの予備審査会をやる」と言われました。約1か月後に予備審査会

が開かれ、数人の先生方から多くの質問が出ました。私の論文の問題点は、実験データとの比較が無いということでした。通常は実験データと比較して真実であるということを証明するのですが、遠心分離機の実験データは機密扱いされていて、公開出来ません。そこで、「数値解析において、計算誤差はナビアーストークスの微分方程式を差分方程式に変える時と解が収束する時に生じる。差分化の誤差が十分小さいことは、差分方程式のメッシュの数を増やしても解がほとんど変わらないことで証明した。また、収束に対する誤差については、得られた解をもう一度元の方程式に入れて、十分収束していることを証明した。従って、この解はナビアーストークスの方程式の完全解だ。ナビアーストークスの方程式は流体に成り立つ式として世に知られていて、真実を表している」という理論を展開して説明しました。ある先生が「そうは言っても実際はどうか？」と言われたので、「今、500億円かけてパイロットプラントを建設しようとしています。私の論文がおかしければ、こんな話にはなりません」と答えました。それ以上質問は出ず、金川先生が「私の部屋で待ってなさい。答えが出るのにそう時間はかからないだろう」と言われました。待っていると、程なく先生が帰ってきて、「学位審査の時、お前みたいに威張っているのは他にいないと言われたぞ」

と言いました。驚いて「ええ！」と言うと、「よいよい、通ったから良い」と言われました。約4か月後、「ガス遠心分離機によるウラン濃縮の設計解析研究」という題で学位論文[22]を書き上げて、提出しました。この論文の最後に、「この論文の第1、2章及び参考文献に示した解析の大半は理論解析であり、摂動理論、級数展開、線形常微分法方程式論、Laplace変換と留数定理による逆変換等の手法を用いているが、第3章で示した数値解析がいかに有力な方法であるかを痛感する。将来、計算機がさらに高速化、大容量化された時は、3次元非線形問題でさえも、十分解くことが可能になるであろう。今後とも数値計算技術を含めて基礎的物理理論と工学的研究とを結びつける努力をすることはぜひ必要であり、この努力の中に新しい飛躍的な技術の進歩が生まれると信じる」と書いています。第2外国語の審査があると聞いて、慌てて学生時代に習ったドイツ語の教科書を引っ張り出して勉強しましたが、論文の最初の要約の部分をドイツ語で書けば良いと言われて安心しました。本審査は、何事も無く通過しました。1字1句の修正も求められず、「このまま、黒表紙を付けて30部提出しろ」と言われました。謝辞に「内助の功を発揮してくれた妻に感謝する」と1行付け加えました。先生から電話が来て「変わっているじゃないか」と言われました。「見つ

かりましたか」と言うと先生はそれ以上何も言いませんでした。私は、学位取得に1円たりとも使いませんでした。先生の研究室に行く時、出張旅費の余りでお茶菓子を買って持って行っただけです。論文の印刷も社内報として印刷し、印刷屋に「黒表紙代は払う」と言いましたが、印刷屋は「こんなめでたい話なのに、お金なんか貰えませんよ」と言いました。金を払うどころか、先生から数値解析の講義をやってくれとのことで、非常勤講師に任命され、1週間の集中講義をやって、講義代を貰いました。その後、メーカーから来たある論文博士に「いくら払ったの？」と聞かれ「1円も払ってない」と言うと「へー」と驚かれました。金を払う風習があることも知りませんでした。学位を貰った後、金川先生に会った時、先生は「お前がいなければ、濃縮であと2、3件は論文を書けたのになあ」と言われました。先生は濃縮の研究を止めて、再処理に関する研究をやられ、後に、原子力安全委員の要職に就かれました。普通の人は、自分の仕事をすることに対し不利になる人がいれば、これを指弾して阻止しようとするのですが、先生は逆に評価して持ち上げてくれました。先生がいなければ、私は理論解析研究者としての足跡を世に残すことは無かったでしょう。正に命の恩人以上です。

12. 高速回転流体のワークショップ

　東工大の三神尚教授から、1977年4月に第2回「高速回転流体のワークショップ」が南仏キャダラシーで行われるので参加しないかというお誘いがあり、参加しました。このワークショップは、世界中の遠心分離機の理論解析研究者が集まって研究成果を発表し合う学会のような場でした。遠心分離機の構造については機密扱いされていましたが、理論解析については各国が成果を競い合って発表し、国威発揚の場の様でした。当時は原子力研究の最盛期で、先進各国の原子力研究機関や大学から多くの研究者が参加し、各国持ち回りでほぼ2年毎にこのワークショップを盛大に開催しました。昼、夜2回豪華な食事が付き、昼食の時からアルコールが出ました。レディーズツアーと称して、会議をやっている間に出席者の奥様方を旅行にお連れする企画も付いていました。これは、日本では考えられない貴族がやるイベントだという感じがしました。

　私は、解析式や結果のグラフだけでなく、ガスの流れを粒子の動きで表現し、映画にして上映しました[23]。発表を終えると、大きな拍手が起き、数人の出席者が握手を求めてきました。その中に米ロスアラモス研究所のGentry博士がいました。この研究所は私が使った超大型計算機IBM360-195を独自に持っており、彼の数値解析研究はFLIC法といった流体解析手法を編み出し、当時世界中が

仰ぎ見るようなものでした。彼は「よくあの式の収束解を得たものだ。私もいろいろ試みたが、どうしても収束しなかった」と言いました。この瞬間は私の人生最高の時に感じられました。会議には、ジッペタイプで有名なZippe博士も参加されており、直ぐ親交がはじまりました。西独のメーカーM.A.N.に所属されていましたが、遠心機の構造についても貴重な話をして頂き、参考になりました。ウレンコの技術者連中とも親しくなり、その後クリスマスカードを交換する仲となりました。日本人では、東工大だけでなく、京都大学の航空工学教室の桜井、松田教授が出席されていました。京大の航空工学教室は日本の流体力学の最高権威と言われ、会議の場でも鋭く質問を投げかけていました。その他では、ウレンコの他、北欧のスウェーデンやデンマーク勢が目立ち、北欧の解析研究のレベルの高さが窺われました。キャダラシーのワークショップが終わった後、パリ郊外のサックレイ研究所に正式招待されて訪問しました。研究所の会議室に日仏の国旗が交差して飾ってあり、感激しました。この頃はフランスも遠心法をやる気満々でした。数値解析の手法について種々の質疑応答が行われ、解析計算の苦労話をしました。

13. 米国留学

　またこの頃、玉井課長から原子力留学生の試験が約1か月後にあるので、受けるように言われました。動燃では毎年2、3人、大卒職員の10人に1人ぐらいの割合で海外留学していました。しかしこれ迄、濃縮部門からは、濃縮を機密情報と捉え留学生試験を一切受けさせて貰えていませんでした。入社した時、1年程水戸の英会話学校に通ったのですが、もう10年以上も前の話で、今、急に言われても英会話力が無く、受かる訳がありません。試験は英検の1級でした。試験だけは受けたのですが、結果には全く期待していませんでした。ところが、人事から電話が有り、「合格したから、留学生説明会に来い」と言われました。「仕事の業績で決めたのか？　試験結果で決めたのか？」と聞きますと、「試験結果で決めた」と言います。「私が受かる訳が無いだろう」と言いますと、「英検1級に受かったのは1人もいなかったので、テストの筆記の結果で決めた」とのことです。通常、英語の筆記力は大学受験の時が一番高く、大学を出る時はかなり下がり、就職してからはすっかり低下し、英語で論文を書ける人は珍しくなります。私は英語の論文の読み書きをしていたのが、良かったと思います。

　この時私が気になっていたのは、濃縮部に私の論文を読める人が誰もいないということです。私が開発した解析

コードも今後誰にも使われない可能性があります。そこで
玉井課長に「私の後継者になれる理論解析に強い人を新た
に採用して欲しい」と言いました。課長は「人事に相談し
ろ」とのことです。そこで、人事に相談に行くと、「誰か
適切な人がいれば、推薦しろ」とのことです。そこで、出
身の早稲田大学応用物理科の研究室に行って、私の学位論
文を見せて、「この様な研究をやりたい人はいないか？」
と聞きました。直ぐ返事が有って、博士課程出身者を推薦
してきました。この候補者を人事に推薦すると、人事は、
「博士はだめだ、修士にしてくれ」と言いました。そこで、
また応用物理科へ行って、来春の修士卒業者を推薦して貰
いました。この後日談を言いますと、留学から帰ってみる
と、この候補者を不採用にしています。留学で留守にして
いなければ、もっと面倒を見られたと思うと残念ですが、
それにしても理論解析に対する会社の理解の無さを痛感し
ました。そして、古巣の研究室にも顔向け出来なくなりま
した。

　中村本部長の「遠心機はもうメーカーに任せろ」という
言葉が気になり、留学に際し、転身を考えました。学位審
査のメンバーであった仁科浩二郎先生（仁科芳雄博士の御
子息）がアメリカのミシガン大学出身で、「核融合をやり
たいのなら、紹介してあげる」と言われ、ミシガン大学に

ポスドク（博士研究員）の資格で1年間留学できることになりました。ミシガン大学は、当時、シカゴ、デトロイトといった世界最先端の工業地帯を背景にマサチューセッツ工科大学、カリフォルニア大学と並んで、理工系では全米トップレベルの難関大学と言われていました。特に原子力工学科は、研究用原子炉を持ち、原子力分野の研究で世界最先端を行っていると言われていました。

　1978年8月にアメリカミシガン州のアンナーバーに着きました。出発前、玉井課長に「核融合の研究をしてくるから、帰ってきたら原研に出向させてくれ」と言いました。すると、「お前の留学に理事が機密情報漏洩を理由に強く反対し、理事長裁断で行けることになった。向こうへ着いたら、理事長にお礼の手紙を書け」と言われました。アメリカから、理事長に「お陰様で核融合の研究が出来るようになりました」と書いた手紙を出すと、玉井課長から手紙が来、「理事長が怒って、なぜ動燃の仕事でないことをやらせるのだ。すぐ呼び戻せ。と言った。人事が中に入り、既1日10,500円の割合で365日分の留学費を渡している。返せという訳にはいかないから、報告書に核融合をやっているとは一切書かず、1年で必ず帰ってくるようにしろと言っている。イタリアローマの第3回ワークショップにも参加するな」とのことです。第3回ワークショップの参加

については、出発前に参加許可を取っており、論文の発表許可も取っていました。

　9月から新学期が始まり、プラズマ物理の授業に出席し始めました。しばらくすると、Akçasu教授が来て、「あなたの解析計算力と私の核融合の知識を結び合わせると素晴らしい研究が出来るに違いない。一緒にやらないか？」と言いました。Akçasu教授は原子炉の動特性やノイズ解析、統計処理等で多くの論文を発表しており、核融合の分野でも世界的に有名な先生です。しかし、私にはためらいがありました。留学前に寺澤寛一の「数学概論」の章末にある問題を解いてみましたが、前のようにすらすらとは解けず、若い頃に比べ能力が落ちているのは明白です。理論解析をやる能力は30代半ばになると落ちると聞いていましたが、やはりそうです。また、理論解析はその分野で一番頭が良い研究者が粗方全部やってしまい、二番目以降にはほとんど何も残りません。核融合の分野には、遠心機の分離理論の分野より更に優秀な研究者がいることでしょう。そこで、先ず核融合を勉強してから自分は何が出来るかを考え、研究計画書を2か月ぐらいかけて作りました。ナビアーストークスの方程式とマックスウエルの方程式を連立して解こうというものです。教授に話しに行くと、「春季は他所の大学に行くので、やるのは来年9月からだ」と言われま

した。「私の留学期間は8月までだ」と言いますと、「何か
考えなければならない」と曖昧な返事です。私の先生に対
する返事が大幅に遅れたことも影響して、教授はこの話を
諦めていたのかも知れません。日本に帰れば核融合をやれ
る可能性は全くないのですから、動燃を辞めてアメリカで
何か職を見つけなければなりませんが、そこに踏み出す勇
気が有りませんでした。もう核融合の勉強をしても無駄で
す。そこで、核融合の勉強を諦めて、この機会にアメリカ
国内やヨーロッパを旅行して楽しむことにしました。国費
留学していますから、納税されている方には言えない話で
す。

　この時起きたのがスリーマイルの原子炉事故です。大学
では、「何故緊急冷却系を止めたのだ」といった議論が口
角泡を飛ばしてなされていました。新聞報道では「アメリ
カでは、今迄どんな戦争の時でもevacuation（避難）など
したことがないのに、やらざるを得なかった」等と書いて
いました。テレビでは、事故を起こした時の運転員が出演
していて、「何故、緊急冷却系を止めたのだ？」と聞かれ、
「赤や黄色のハザードランプがあちらでもこちらでも点滅
し、多くの警報音がウオンウオンウオンウオン鳴り響く。
あんな状況ではまともな判断なんかできる訳がない」等と
言っていました。日本ではこの様な大事件が起きた時、会

社全体の利益を考えた理論で事件が紹介され、運転員の生
の声が聞けることはあまり有りませんが、アメリカは違う
と感じました。

　アメリカでの生活で感じたのは、ポスドクに対するリス
ペクトです。姓を呼ばれるときは、必ず「ドクターカイ」
と呼ばれ、対応にリスペクトが感じられます。博士課程の
授業に出たのですが、授業中、数人のポスドクが後ろの席
に陣取っているので、教授もいい加減な事は言えません。
また、教授からこのことについてどう思うか等とポスドク
に質問が飛んでくることもありました。日本では、授業は
先生が一方的に生徒に教える場ですが、アメリカでは、議
論し合う場でもあります。人種的にも様々で、街や大学の
キャンパスを歩いていると、白、黒、黄色と色とりどりで
すが、人種差別を感じたことはありませんでした。住んで
いたアパートは広大な森の中にあり、リスが小枝の間から
顔を出していました。近所には中東や韓国から来た連中が
多く、奥様方は身振り手振りで会話を楽しんでいました。
付き合いも、お互いに相手の家を訪問し合い、家族ぐるみ
となります。日本の様に男だけで飲み屋に行くことは無く、
その様な飲み屋もありませんでした。35 〜 36歳の1年間
のアメリカ生活は、未だ若かりし頃の夢のような楽しい思
い出です。

14. 帰国後の仕事

　1979年8月、アメリカから帰国し、元の東海事業所運転1課に戻りました。丁度、パイロットプラントの第1期工事分OP1-Aが運転を開始するところでした。第2期工事分OP1-Bの建設も進み、第3期工事分OP-2の建設も準備中で、本社は、次は原型プラントだと言っていました。ところが、労働組合の執行委員長から「次期の組合の委員長をやってくれ」と頼まれました。上司に「私は忙しいから無理だと断ってくれ」と頼んだところ、「原型プラント計画は大分遅れそうなので、せっかくのご指名だから、やったらいいじゃないか」と言われ、引き受けざるを得なくなりました。選挙で選ばれるので、濃縮部の連中が応援してくれました。当選して執行委員となり、互選で東海支部執行委員長に就任し、1年間勤めました。丁度、再処理工場が本操業に入る時で、原子力反対運動が激しく、原子力反対派の執行委員も居て、ポリティカルには激動の時代でした。それ迄、入社以来純粋に技術一筋で来、ポリティカルな話には今迄関与したことがなかったので、反対派の意見も聞いてみました。反対運動の主たる主張は「再処理工場が操業を始めれば、放射能がうようよ出て来、従事者は白血病や癌になり、子供に奇形児が生まれる」というものでした。通常、賛成派は反対派と議論はせず、排除することだけ考えることが多いのですが、私は彼等とも議論を戦わ

せ、「先ず事実を出来るだけ正確に認識し、それから考えるべきではないか。今迄、放射線作業に従事し、放射線管理を行ってきて、そのようなことは無かった。再処理工場も適切に放射線管理を行えば、そのような事は起こらないのではないか。放射線管理を厳しく行うことを会社側に要求していこう」と言いました。会社側に対しては、放射線管理対策の強化と労働待遇の改善を強く求め、成果をあげました。再処理工場は、ほぼ予定どおり本操業に入りました。その後、私の知る限りでは、動燃従業員の白血病、癌、奇形児等聞いたことがありません。動燃従業員の定着率は極めて高く、東海村は人口が増え、発展しました。

　仕事で帰国後最初に取り組んだのは、セット化です。遠心分離機を濃縮工場に設置する時、出来るだけ現地工事を減らし、稠密に設置する事が経済性を上げるのにセット化が役に立ちます。遠心分離機を濃縮工場内に独立の基礎を設けて設置するのは手間がかかるので、1台の架台の上に多数台の遠心分離機を設置します。これをセットと言います。1つのセットに稠密に遠心分離機を設置した場合、1台の遠心分離機が破損してセット全体を揺すり、他の遠心分離機を破損させる可能性があります。ウラン濃縮工場では、破損した遠心分離機はそのまま放置して10年間運転する計画ですので、これは絶対避けなければなりません。

特に遠心分離機が高速になった場合、破損時の衝撃が大きくなり、又、遠心分離機が長胴になって振動し易くなった場合、この対策は難しくなります。私は、遠心分離機破損時の衝撃を下げるため、遠心機のケーシングを固く固定するのではなく、少し回転させて衝撃を吸収する方法を考えました。ケーシングは真空を保持する機能を持っていますので、回転すれば真空が破れてしまいます。そこで、その外に真空を保持するための2重ケーシングを考えました。2重になっていれば、断熱が良く外気の影響を受け難くなるため、温度分布を理想に近い状態にキープ出来、分離性能が上がります。また、長胴の遠心分離機を上下で支えるため、耐震性が上がるといった効果も有ります。東芝にポンチ絵で説明し、構造図の設計を頼みました。検討を続けていく中で、セット内の配管を止めて、外側ケーシングの上蓋に溝を切って代用し、19台の遠心機を集合させる案がありました。この案であれば、2重ケーシングでも製作の経済性がむしろ上がるとしてこの案を採用し、製造と試験を進めました。Compound（複合）のCをとってCセットと名付けました。Cセットの遠心機は、OP-2の遠心分離機より周速も長さも1段上げたものとしました。Cセットの衝撃波及試験は目論見通りの結果が得られたので、RT-2を製作し、分離試験と長時間耐久試験を行い、良好

な結果を得ました。RT-2とパイロットプラントOP-2の写真を写真1、2に示します（動燃事業団パンフレット「ウラン濃縮」より）。両者を比較しますと、RT-2では配管量が大幅に減っていることが分かります。ウレンコの濃縮工場の写真でも遠心分離機の上部配管はOP-2によく似ており、Cセットは日本独特のアイデアです。

　一方理論解析面で、遠心分離機内のガスの流れの中で今迄検討されてない項目は、ガスの希薄化の問題です。前述の回転胴内部圧力測定の時指摘したように、回転胴の中心部では、ガスは連続流体でなくなっています。ボルツマンの輸送方程式を摂動論で展開した時、1次がナビアーストークスの方程式で、2次はバーネットの方程式として知られています。この式はナビアーストークスの方程式より更に遥かに複雑で、論文を調べても今まで解かれた例がありません。しかし、大型計算機による数値解析に頼れば可能ではないかと考え、これにチャレンジしました。ナビアーストークスの方程式ではマトリックスを解く時、3対角を解けば良いのですが、これは5対角になります。一段と複雑な計算ではありましたが、上手く収束解を得ました。この解析結果を「希薄ガス流れの解析—バーネット方程式の完全解」という題で原子力学会誌に発表しました[24]。

写真1：集合型遠心分離機RT-2

写真2：パイロットプラント OP-2

　次に問題にしたのが回転胴内に空気のようなウランガス
に比べて極めて軽いガスが混入した時の挙動です。前述の
回転胴内部圧力測定の時、圧力が計算値と違うのは空気が
混入している可能性もあるからです。ウラン同位体の
U235とU238のように質量差が小さい場合は、流れの方程
式と拡散方程式を独立して別に解けばよいのですが、質量
差が大きい場合は、流れの方程式と拡散方程式を連立して
解く必要があります。これも今迄解かれた例がなかったの
ですが、大型計算機による数値解析に頼れば可能ではない
かと考え、これにチャレンジしました。この式も大変複雑
なものになりますが、収束計算に成功し、ウランガスと空
気の分圧を計算することが出来ました。この結果は「回転
胴中の大きい質量差のある2成分ガスの流れの数値解析」
という題で原子力学会誌に発表しました[25]。更に問題に
したのが3成分ウラン同位体です。この頃、原子炉の使用
済み燃料を再処理して出てきたウランを再濃縮してもう一
度燃料として使えないかという課題が出されていました。
使用済み燃料のウランは、天然ウランがU235とU238か
ら成っているのに対し、U236が加わっているため、この
3成分の分離を考えなければなりません。U236は中性子
を吸収するため、正確にその濃度を知る必要があります。
厳密な分子運動論から3成分の拡散方程式を導き、正確に

U236の挙動を計算しU236の中性子吸収量を補填するため、どの程度U235の濃度を上げなければならないかを計算しました。濃縮を考える時、SWUという単位が使われます。これは分離仕事量を表し、世界の濃縮ウランはSWU当たりの金額で売買されています。また、SWU/Yという単位が使われます。これは年間あたりの分離仕事量で、分離機の性能はこの値で比較されます。分離仕事量について説明しますと、例えば、天然ウラン（U235の濃度0.711％）から5Gの3％濃縮ウランを作った場合と10Gの3％濃縮ウランを作った場合では、後者は前者に比べ2倍の価値があると言えます。しかし、10Gの3％濃縮ウランを作った場合と5Gの5％濃縮ウランを作った場合、どちらがより価値があるかはすぐには決められません。Diracは2成分に対する分離仕事量という概念を考案し、これを計算するため価値関数という式を導きました。そこで、私は同様の考え方を拡張し、多成分に適応する分離仕事量と価値関数の式を導きました。後に多成分からなる安定同位体の分離にもこの式が使われています。この研究成果も「遠心分離機による3成分ウランガス同位体分離の理論解析」という題で原子力学会誌に発表しました[26]。

　1981年8月英オックスフォードで第4回高速回転流体のワークショップがウレンコの主催で開かれ、参加しました。

私は前に原子力学会誌に掲載された「回転胴の中の大きい
質量差のある2成分ガスの流れの数値解析」[25]をここで
発表しました。Zippe博士が私にある論文をくれました。
見ると、日本語で書いて原子力学会誌に掲載された私の論
文「ウラン遠心分離における軽ガス添加の影響」をドイツ
語に訳したものでした。ドイツでもこれだけ注目している
のかと嬉しくなりました。京大の松田先生が銀河の星の流
れを数値解析したものを映画にし、上映していました。
キャダラシーのワークショップで私が上映した映画に触発
されたのではないかと思いました。

15. 原型プラント建設

　1982年、原子力委員会ウラン濃縮国産化専門部会は、200TSWU/Yの原型プラントをDOP-1とDOP-2の2期に分けて建設することと決定しました。原型プラントの設計を進めることとなり、私は遠心分離機とカスケードが担当でした。この頃、RT-2によるCセット試験の進捗を見て、原型プラントにはCセットを採用すべきだと主張していたのですが、本社は「実績のあるOP-2タイプで少し回転胴の周速を上げた程度でよいのではないか」と言っていました。錦戸本社濃縮部長が来所し、濃縮部の主要職員を集めて、「原型プラント計画が動き出した。原型プラントは先ず、OP-2タイプでやりながら、上手くいけばCセットでやる」と言いました。私は直ぐ「それは決まっていないはず。原型プラントの遠心分離機は量産するので、途中で仕様を大幅に変更するのは不可能です」と言いました。部長は「そうか」と言って帰りました。メーカーから出向で来ていたある職員から、「甲斐さんよく言うね。メーカーでは、本社部長が来て皆の前でこうすると言うのに、現場の係長があんな否定をすれば、良くて子会社行き、悪ければ首ですよ」と言われました。

　間もなく、本社行きの辞令が出て、原型プラント建設準備室に配属されました。38歳でした。準備室は設計グループと計画グループから成り、室長は玉井氏でした。私

は計画グループ担当主幹となり、管理職の課長待遇となりました。設計グループは、メーカーからの出向者がほとんどで、遠心機、カスケード、プラント機器、建屋計装の4つに分かれてメーカーの担当者を集めて設計を進めました。私は、遠心機、カスケードについては、我が事だと考え積極的に意見を言い、自ら仕様を決定していきました。特に遠心機については、仕様が決まっていないとして、OP-2タイプとCセットタイプの両案を並行して進めました。メーカーからの出向者は「両案やるのは、作業が大幅に増える。部長と課長の意見が違い、決まらないということはメーカーではあり得ないですけどね」と皮肉を言われました。設計以外は全て計画グループがやれというのが玉井室長の指示です。部下が3人いましたが、彼等は若く、濃縮の経験もほとんどないので、ワープロ、数字合わせ、計算機のコード計算等はやってもらいましたが、文書を作り、人に説明するのは専ら私一人でやるしかありませんでした。

　先ず予算額を決めなければなりません。原型プラントは岡山県の人形峠に立地し、規模は200トンSWU/Yと決まっており、メーカーに詳細設計を発注しました。設計は私が東海に居る時から進めていたので短時間で終了し、メーカーから出てきたその建設費の見積りは1,000億円を少し超える額でした。科学技術庁の核燃料課に予算要求の

説明に行くと、「原型プラントは、本来はもう民間（電力）がやるべきだけども、お前等がやりたいと言うのであれば、民間からも金を取って来い。民間が出す額と同じ額を国が出す」ということでした。パイロットプラント迄は国の仕事で、商業プラントは民間の仕事と役割が明確ですが、中間の原型プラントの役割分担をどうするかということに対し、国はフィフティーフィフティーの案を出してきたのです。そこで、電力に行くと、「200トンで1,000億円とは何事だ。ウレンコが1,000トンプラントを1,000億円で作ると言って受注に来ている。顔を洗って出直して来い」と言われました。メーカーに値下げの要請に行くと、「パイロットプラントは50トンで500億円だ。200トンでは1,000億円でも苦しい値だ」と言われました。動燃のプロジェクトはいずれも国の予算で進めており、原型プラントのように直接民間からの出資を受けなければならない例は有りません。再度、核燃料課に相談に行くと、「原型プラントは商業プラントに繋がる経済性が求められるのは当然だ」と言われました。その時、若い方が入ってきました。すると核燃料課の課員はさっと立って、ロッカーから背広を取って挨拶に行きます。「あの方は誰ですか？」と聞くと、「大蔵省の方だ。我々は、お前等が我々に挨拶する時の頭の角度よりもっと深く頭を下げているぞ」と言われま

した。お金の流れる方向の下流側は上流側に頭を下げるのは世の習いです。原型プラント建設は、経済性の課題が改めて重くのしかかり、不可能とも思えました。玉井室長に相談すると、「上手い案を考えろ」とのことです。そこで、先ず調整設計を行い、詳細設計を見直しました。設計グループのリーダー等はメーカーからの出向者ですから金額についてはノータッチです。私は、個々にメーカー担当者を呼んで、全ての設備について、仕様だけでなく工事方法まで全部見直し、少しでも安くなる方法を検討しました。一方、電力に対しては、電力の責任者と動燃の濃縮担当理事以下責任者に集まって貰う協力会議を開いて、濃縮技術を知ってもらい、国産化の意義を説明しました。提出資料は全て自分で作りました。資料の説明を濃縮担当のIS理事にしていると、「お前は、どうせ出世しないと分かっている割には良くやるな」というお褒めの言葉を頂きました。動燃も建設費の一部を借入金とし、濃縮役務価格を22,300円/SWUとして、この役務代金で借入金を返済するという案を作りました。借入金を導入すれば、役務費で建設費の一部を返済していて、稼働率の低下で返済に苦しんでいる再処理工場の二の舞になるから止めるべきだという意見もありましたが、原型プラントを建設するためにはこの案しかないと覚悟を決めました。いろいろ努力しているうち

に、それなりの信頼関係も生まれたようで、電力が建設費670億円で合意する感触を得、東芝のKI氏にこの金額での合意を要請しに行きました。KI氏は「670億円であれば、工事に失敗が無く順調に進めば、赤字にはならないだろう。しかし、儲けは0だ。原子力の他の部門は儲けている。儲けている部門の人間が出世する。我々は出世を諦めるしかない」と言いました。私はただお願いするしかありませんでした。最終的には、この額で電力、科技庁、メーカーの合意を取り付けました。またこの時、核燃料課から厳しい注文が付きました。「原型プラントの遠心分離機は、メーカー3社の合同会社に量産設備を作らせて、その設備で生産させろ」とのことです。原型プラントで終わりではなく、商用プラントの生産体制を作ることまでも要求してきました。私はこの点でも電力、メーカーと連絡を取りながら、予算獲得を進めました。この話が進んで、1984年12月にメーカー3社の東芝、日立、三菱重工は合弁会社UEM(ウラン濃縮機器(株))を設立しました。また、1985年3月に電力はウラン濃縮、再処理、廃棄物処理の核燃料事業を行うために日本原燃産業(株)(後の日本原燃)を発足させました。UEMの量産設備の設置はDOP-1の生産には間に合いませんでしたので、DOP-1は3社別々に、パイロットプラントOP-2で少し周速を上げたタイプの遠心分

離機を生産し、DOP-2からCセットタイプの遠心分離機を量産設備で生産すると決まりました。

　次に安全審査が難関でした。先ず、適用法規が問題となりました。原型プラントは借金までして事業を行うので当然、「加工事業」規則が適用されると思っていました。「使用施設」規則は一般のR&D施設に適用され、安全審査も極めて簡単なものになります。IS理事は「動燃が事業などできる訳がない。『使用施設』にするべきだ」と言いました。勿論、使用施設で認めてもらえるのならその方が楽なので、「使用施設」として担当である科技庁核燃料規制課に安全審査の申請を申し込みました。しかし規制課は、原型プラントはその名のとおりプラントで、事業を行い、当然「加工事業」であるという見解を示しました。更に規制課は、旭化成の化学法ウラン濃縮試験施設の裁判を抱えていました。この施設はR&D施設として認可されていましたが、極めて大規模で、通常のR&D施設ではないとして反対派の訴訟を受けている折、原型プラントを「使用施設」に出来る訳がないとのことです。このことをIS理事に伝えましたが、理事も譲りません。両者の間を数回往復しましたが、埒が明かないので、「加工事業」にせざるを得ないという説明文を作って、玉井室長と共に理事室に入りました。IS理事はこの文をちらっと見るなり、烈火の

ごとく怒りました。IS理事は元通産省で本社局長をやっていた方で、通産省に比べれば、科学技術庁は1部門程度なのになぜ俺の言うことが聞けないのかという考え方です。私の説明文が通らないというのはこの時だけで、物事を決めるのに良し悪しではなく感情で決めるのであればどうしようもありません。これでは安全審査が始まらないと困っていた処、IS理事の退任が報じられました。次の理事も通産省出身でしたが、よく実情を理解して頂き、「加工事業」で申請することとなりました。

　安全審査のヒアリングが始まりました。私は安全審査の経験が全く無かったので、適用法規の原子炉等規制法と加工事業規則を勉強して、部下を1人連れて、ヒアリングに臨みました。審査官が3人いました。「濃縮は、初めての加工事業許可申請なので、慎重を期し3人で審査することになった。説明する方が審査する方より少ないということがあるか。バカにするな」と言われました。後で聞いた話ですが、通常は7〜8人位が部屋に入って説明し、更に7〜8人位が部屋の外で何かあった場合に備え待機しているそうです。しかし、今回は他に誰もいないのでそのままヒアリングを進め、要求に従って膨大な資料を1人で作りました。安全審査は、ウランの取り扱い設備が主になり、遠心機やカスケード以上にプラント機器、建屋、計装につい

て詳細な知識が求められますので、設計書を全て精読する必要が有りました。1年の期間で審査を終える予定を1年と1か月ほどで審査を終えました。ヒアリングの初めのうちは要領が分からず、苦労しました。ある時、翌日10時からヒアリングがあるのに、夜の8時頃規制課から電話がかかってきて、「パイロットプラントと原型プラントの安全設備の比較表を持って来い」との指示です。パイロットプラントの資料は本社にありませんので、直ぐ人形峠事業所に電話をして、安全設備の一覧表を作るよう指示しました。「もう作れる人が帰って、作れない」とのことでしたが、「今から直ぐタクシーで出社して作れ」と指示しました。こちらも徹夜で作業をして資料を作り、翌日のヒアリングに臨みました。すると、「パイロットプラントの安全設備にあって、原型プラントの安全設備に無い物の無い理由を述べろ」と言われ、なるほど、この表はこの様に使うのか、と気が付きました。表の中に、無い理由が分からない計測器があったので、「パイロットプラントの実績を見て、合理化を図りました」と答えました。すると審査官は、「合理化とはなんだ。お前らに安全審査を受ける資格はない」と言って、怒って持っていた万年筆を放り投げ、席を立ってしまいました。月ほぼ2回のペースで開かれるヒアリングが1回ダメになるということは半月の遅れを意味し

ます。「合理化」ではなく、「不要だ」と言う資料を作って、
臨時のヒアリングをやって頂けるようお願いに行きました。
審査官は私が話しかけようとすると、「今は忙しい」と
言って、聞く気がありません。そこで、「入口の所で待っ
ています」と言って、1時間ほど立って待っていました。
こうしてやっと臨時のヒアリングをやって頂きました。こ
れ程スケジュールに拘った理由は、既に土地造成工事が始
まり、工事費の一部に借金が発生しており、延期による利
子の増加を防ぐためです。1か月遅れた理由は、カスケー
ド室の管理区域の問題解決に時間がかかったからです。管
理区域には1種と2種があり、1種は、放射性物質を直接
取り扱う場所で、部屋の負圧管理をし、高性能フィルター
を通して排気しなければなりません。2種は、ウランを入
れたシリンダーを置いておくような場所で、放射性物質を
直接には取り扱わないので、負圧管理が要りません。カス
ケード室を負圧管理すると、その広大な部屋に吸排気設備
と冷暖房が必要となり、経済性に大きな影響を与えます。
そこで、ウランの取り扱いは隣室のウラン供給排気室で行
い、カスケード室では行わないとしてカスケード室を2種
で申請したのですが、審査官は「カスケード室ではウラン
ガスが通っているから、2種は認められない」と言います。
安全性は経済性に優先し、少しでも安全であればそちらを

選ぶべきということでしたが、2種にしても安全性に変わりはないと言って、徹底的に頑張りました。通常、審査官の判断に対し、これだけ抵抗する者はいないそうで、審査官にはすっかり不興を買ってしまいましたが、最終的には規制課の判断で2種を認めて頂きました。一般に安全審査では、安全性が経済性に絶対的に優先すると主張されます。申請者側としては、安全か否かはやはり程度問題ですから、「だから安全である」というストーリーを作っていくことが必要です。勿論、技術的に見て本質的に危険であることは避けなければなりません。この判断は、ハードの内容を一番よく知っている技術者がするしかないと思いました。

約1年少々の審査が終了すると、この審査官から「始末書を持ってこい」と言われました。「何の始末書ですか？」と聞くと、「この申請書はDOP-1の100トン分の申請書なのに200トンと説明した。もう一つはある計器の作動時間を最初2時間と説明したのに後で5時間と変えた」とのことです。そこで、私の署名の始末書を書いて持っていくと、「お前の始末書を取って何になる。部長の始末書を持って来い」とのことです。そこで、玉井室長に説明して、始末書を提出しました。安全部によると、「通常、始末書を提出すると、1週間位のうちに理事と共に謝りに行く」そうですが、2週間経っても呼び出しがありません。おかしい

と思って安全部に問い合わせると、「あの件は、課長がこれぐらいで始末書を取るなと言って没になった」とのことでした。規制課長の常識を感じ取りました。これも安全部から聞いた話ですが、「プルトニウム燃料開発室が原型プラントとほぼ同時に、高速増殖炉もんじゅ燃料製造ラインの安全審査の申請を行った。しかし、プル燃が出してくる資料は質が悪いので、濃縮の資料が出来てから、それを見て倣ってやれと言って濃縮の後に回された」

　出来上がったこの申請書[27]は、今から見ても重要なポイントは良く押さえていると思います。例えば臨界管理に関しては、全ての容器を臨界質量以下しか入らない大きさに抑えています。1999年に起きたJCOの臨界事故では、作業員が、自動のバルブ操作で臨界管理をしていたウラン溶液取り扱い装置を効率が悪いとして、蓋を手で開けてバケツでウラン溶液を入れて臨界事故を起こしました。臨界の知識も無くこんなバカなことをやった運転員が悪いというのが粗方の評価ですが、容器の大きさが臨界管理してあれば、この様なことは起こりません。設計やこの装置を認可した人の責任はもっと大きいのです。

　今1つは、全停電対策です。施設への外部電源が遮断され、非常用電源が立ち上がらず、更にバッテリー電源まで失われた場合を全停電と言います。濃縮設備ではこの対策

も取っています。浜岡原子力発電所の運転差し止め訴訟裁判の時、班目原子力安全委員長は「全停電は、実際には起こり得ない」と証言していました。それを聞いて、原子炉に比べれば、濃縮施設の取り扱う放射能量は比べ物にならない程少ないにも拘わらず、全停電の対策を取っています。そんなことで良いのかと思っていました。案の定、福島の原発事故で全停電が発生しました。全停電対策がとってあれば、あの様な大事故にはならなかったはずです。事故後、班目委員長はこの証言をした理由を「割り切った考え。全てを考慮すると設計ができなくなる」と答えています。全てを考慮するのではなく、安全上極めて重要なことを考慮していないのです。この方は、水素爆発事故が起きた時、記者団に「何が起きたのか？」と聞かれ、「さあ、何でしょう」と答えています。私は動燃に入って直ぐ、「原子炉の燃料の被覆管には、中性子吸収の少ないジルカロイという特殊な金属を使っている。これは高温になると、水を分解して水素を発生する」と習いました。スリーマイルの事故でも、チェルノブイリの事故でも水素爆発が起こっています。当然、水素爆発と考えるべきです。また、冷却のため海水を注入する時、菅首相に「臨界になる可能性はないか？」と問われ、「ないではない」と答えました。このため、首相が検討しろと命じ、約1時間の待機時間が生じ

ました。水素は最もよく中性子を弾くため、水は、自然界の中で中性子を閉じ込める機能が最も大きい物質です。淡水で臨界になっていなければ、塩分等の不純物を含んだ海水で臨界になる訳がありません。この時、班目氏は「可能性がある」と言ったと報道され、官邸に「ないではない」と言ったとして怒鳴り込みました。「ないではない」と言われれば、「検討しろ」と言うのは当たり前です。「ないではない」と言ったのは、知らないので、責任を逃れようとしたからです。これだけ無知、無能、無責任な人が安全委員長の要職に就くのが不思議です。また、この浜岡原発訴訟を「原告らの生命、身体が侵害される具体的危険があると認められない」として、却下した静岡地方裁判所の裁判官の責任も重大です。一般に多くの原子力関係の裁判は、同じ状況であるにも拘わらず、裁判によって、安全であったり、危険であったりと判断が分かれます。理系の人間から見れば、でたらめで、物理現象に対する考察力が無い証拠だと思えます。もったいぶってさも真実かのごとく判決文を言い渡す姿は滑稽に見えます。せめて、裁判官どうしで議論して、意見のすり合わせぐらいやって欲しいと思います。また、この福島原発事故で、津波対策を怠ったとして旧経営陣３人が提訴されて裁判になっていますが、もし私が東電にいて津波の話を聞いたならば、直ぐ建屋メー

カーを呼んで、高い煙突を除いて全ての窓や開口部を水密構造にするのにかかるコストを算出させて、上司に対して、「これだけ金がかかりますが、やるしかありません。よろしいですね」と言って「うん」と言わせます。こうして対策を採っておけば、あの事故は起こりませんでした。「どうしましょうか？」と言うから、延々と検討して時間ばかり経ちます。部下は、問題点を上司に説明する時には、対策も同時に説明すべきです。福島原発事故については、労働新聞社が発行する「安全スタッフ」に投稿した記事[28]がありますので、ご参照ください。

　原型プラントには、その他にも法規制では鉱山保安法、労働安全衛生法、瀬戸内法が適用され、夫々対応しました。社内外関係各所への説明、PR用のパンフレット作成、要人の現地への案内等も必要でした。670億円の予算の執行も簡単ではありません。会計検査があり、予算が予定通り不正なく執行されたかどうかを厳しくチェックされます。

　これだけ忙しかったにも拘わらず、原型プラントに直接関係のない仕事として、理論解析研究を進めました。ほぼ2年毎に開催される高速回転流体のワークショップに参加して発表することは、研究者であり続けたいという願望から止められませんでした。1983年6月に第5回高速回転流体ワークショップが米国ヴァージニア大学で、Wood教授

により開催されました。私はBeams、Zippeの実験データ及び回転胴内圧力分布の測定データと解析計算の比較結果について発表しました[21]。開会挨拶の直後の最初の発表で、Wood教授の私に対する特別の計らいを感じました。この時もZippe博士が出席していて、遠心機の歴史について機械屋の立場からかなり詳細な説明をしました。このような遠心分離機の構造や回転技術の話が公開された例は、他にないでしょう。発表後、彼と話していると、「私の願いは、世界中に遠心法が広がることだ」と言っておられました。機密と言って隠すのではなく、人類の財産として残したかったのでしょう。会期中に次回のワークショップの開催地を決める組織委員会が開かれ、私は日本代表としてこの委員会にも出席したのですが、各国から次回の第6回ワークショップを日本で開催するよう強く求められ、引き受けました。

　帰国後、直ぐワークショップ開催の準備を始めました。約1千万円の開催費のうち半分を動燃が出し、残りの半分を電力、その残りを各メーカーの寄付で集めました。このため、開催準備の委員会を立ち上げ、委員長を東工大の高島教授にお願いし、大学、メーカー、電力から委員を出して頂きました。最初、電力はこれだけ多額の開催費は出せないと言っていましたが、「これから技術移転をしていき、

電力が濃縮をやるのだから、外国との付き合いも必要です」と言って、承諾して貰いました。私の周りに英語ができる人がいないので、事務局も実質ほとんど一人でやるしかなく、国内外に必要な書類を作って送付し、自分の発表原稿は勿論、動燃の発表件数を増やすため他の濃縮部職員の発表原稿作成を手伝い、高島委員長や理事の挨拶文を作成し、海外参加者の「終わったら、観光したいが、どこがいいか？」という問い合わせにまで返事をしました。開催まであと3週間程の頃、パキスタンのカーン博士（ウレンコに勤めており、インドが核実験に成功した時帰国し、遠心分離法で濃縮ウランを作り、原爆を作ってパキスタンの原爆の父と称えられた。後に、私的にリビア、イラン等へ濃縮ウラン製造設備を売り渡し、死の商人と言われ、政府に身柄を拘束された）から「パキスタンから出席したい」という手紙を貰いました。彼からは、前に私の公開論文の照会があり、又、彼の日本原子力学会誌への投稿論文の審査をやったこともありました。しかし、パキスタンは原爆を作っているため、参加は認められないと考え、玉井室長と高島委員長にその旨を話し、断りの手紙を書こうとしていたところ、外務省から呼び出しがありました。行ってみると、アメリカから外交ルートを通じて要請が有り、「パキスタンがワークショップに参加しようとしているが、

150

断ってくれ」と言っているとのことです。この情報は、日本では私と玉井室長と高島委員長しか知りません。アメリカは、パキスタンに於ける諜報活動で、この情報を手に入れたとしか思えません。対応を一つ誤ると外交問題に発展するという認識を改めて持ちました。

　1986年3月に第6回ワークショップを開きました。4日間で22編の論文発表があり、米、英、仏、独、伊、スウェーデン、オーストラリア、中国から34名の外国人参加者が来日しました。私は、前に原子力学会に発表した3成分ウラン同位体分離(25)について発表しました。レディーズツアーは日光に行くことにしましたが、引率を誰も引き受けてくれないので、1年アメリカに住んだ経験のある妻に頼みました。この時もZippe博士が出席されたので、招待講演をやって頂きました。そこで、開発の苦労話をされ、「私は理論家でなくて、実験屋だ」と言っておられました。講演後、私が「自分は理論家と実験屋の両方やっている」と言いますと、「そうだ。お前は凄い」と言って褒めて頂きました。私はマネージャーもやっているとは言いませんでした。東京でのワークショップ終了後、人形峠のパイロットプラントにお連れしました。情報管理の観点から外国人を濃縮施設に案内することはありませんでしたが、彼だけは特別待遇としました。カスケード室に

入ると、彼は「オー、マイサンズ（私の息子達よ）」と言いました。パイロットプラントの遠心分離機が自ら開発した遠心分離機によく似ていたからでしょう。ワークショップ終了後の発表論文を集めたプロシーディングの発行も一仕事でしたが、他に頼む人もいないので一人で頑張って作成し、委員長をやって頂いた高島先生名で刊行しました⁽²⁹⁾。

　金川先生から要請されて、原子力学会の査読委員や編集委員を引き受けました。学会でも活躍させてやろうという先生の親心です。しかし、やるのは大変です。特に3年任期の編集委員の時は、遠心法以外でも多くの分野の論文を読まなければなりません。投稿された論文の参考文献を多数読んで、その道の専門家になる必要が有ります。審査では、自分の考えは間違ってないか、考えて、考えて、考え抜いて結論を出します。科学技術の世界で、真実は何かを決めるのです。お蔭で、せっかくの土日が無くなります。同情したくなる投稿文もあります。膨大な他人の論文を纏めた力作です。しかし他人の論文のレビューが多くて、本人のオリジナリティが少なければ、技術報告の欄に回し、論文と認めません。投稿者はオーバードクターでした。普通、大学は、博士課程を修了しても、論文掲載が1、2件以上無ければ学位を与えません。彼は学位を取得するため

に、卒業後もさらに研究を続けています。ここで、論文と
認められなければ、これまでにかけた時間、学費、生活費
が無駄になり、今後についても途方に暮れるしかないで
しょう。動燃の入社試験を受けた時の私が思い出されます。
しかし、ナチュラルサイエンスの判断に、ヒューマンサイ
エンスの判断は入ってきません。アメリカの学会からまで、
論文の査読依頼が来ました。日本の原子力学会では、査読
委員は名前の公表をせず、決まった人だけです。公表しな
いのは、投稿者と査読者が知り合いであった場合、人間関
係に影響を及ぼす可能性があるからです。また、論文は、
学会誌の発行日と論文の提出日が重要になります。論文の
提出日が発行日より1日でも遅ければ、内容が重なってい
た場合、新規性を認めません。逆に、提出日が発行日より
早ければ、新規性を認めます。そこで、提出された論文と
同じ論文を書いて、発行日より前に、他の学会誌にでも投
稿すれば、新規性が認められることになります。この様な
不正を防ぐため、信頼が置ける人を査読委員とし、査読論
文の内容を漏らさないことを義務づけています。アメリカ
の論文査読にこの様なルールがあるのか否か、又、私には
例外で送ったのかどうかは分かりません。査読をやるのは、
時間がかかるだけでなく、リファレンスの取り寄せ等若干
の経費もかかりますが、査読料は一切貰えません。査読委

員は完全に黒子です。しかし、優秀な査読委員をそろえて
いなければ、STAP細胞の虚偽論文を書いて科学ジャーナ
ル、ネイチャーに掲載された小保方晴子事件のような事が
起きます。私は、編集委員と査読委員を通算20年務めま
した。

　その他の仕事として、科技庁核燃料課から頼まれて
UF6漏洩問題専門委員会の委員を引き受けました。最初
委員を頼まれた時、「では東海から誰か出します」と言っ
たのですが、「委員長を京大の東先生に頼んだ。東先生は
「私はこの道の専門家でないからやりたくないが、もし甲
斐が専門委員になってくれるのなら、やってもいい」と言
われるので、どうしてもやってくれ」と要請されたので、
引き受けざるを得ませんでした。東先生は、私が濃縮を始
めた時、国内留学が出来なかった研究室の先生で、その後
親交は無かったのですが、私の学会誌の論文を読んでいて、
私に信頼を置いていたのだと思います。また、科技庁輸送
対策室から頼まれて、1986年11月ウイーンにあるIAEA
（国連の下部組織、国際原子力機関）のUF6輸送技術専門
家会議に出席しました。濃縮部門には英語で外国勢と議論
できる人材がいないので、私が行くことになりました。
UF6を輸送する際に用いるシリンダーの国際仕様を定め
ようというものです。シリンダーにはプロダクトウラン運

搬用の36Bとウエストウラン運搬用の48Yがあり、特に48Yシリンダーについては検討が進んでいませんでした。このため、落下テストを行って、その強度を決めるための検討をし、熱解析をして大きさや厚みの詳細スペックを決めました。日本でもこのテストを行っていて、そのデータを専門家会議で発表しました。

　1987年7月、「液体、気体中の分離現象のワークショップ」が西独ダームスタットでウレンコの主催により開かれました。このワークショップは、高速回転流体のワークショップが遠心分離機のみに関する議題であったに対し、議題を広げようということで、名称もこの様に変更されました。ここで注目すべきは計算対象となる遠心分離機の仕様が次のように変更された点です。

　回転胴：周速400→800m/s、直径50cm変わらず、長さ2.5→15m

　世界各国が開発している遠心分離機の仕様は公開できないので、計算モデルを作ってこれについて計算結果を発表し合おうというものです。周速と長さが大幅に引き上げられ、世界中の遠心機の開発目標がこの様な高性能機になっていると思われました。Zippe博士の講演では、世界中の濃縮設備の分離容量が紹介され、濃縮ウランの需要が頭打ちであること、ウレンコのグロナウ、カーペンハースト、

アルメロの各工場が順調に運転されていること、ソ連の遠心分離機開発が予想外に進んでいること、日本の原型プラントの運転が始まったこと等が紹介されました。私は、論文発表はしませんでしたが、一部セッションの議長を任されました。

　この頃は、この様に本来業務以外にも次々に仕事が降りかかってきました。通勤時間が往復3時間もかかるので、ほとんど毎日帰宅は夜1時頃、家を出るのは朝7時40分でした。帰宅すると、すぐ風呂に入り息子の寝顔を見ながら寝ます。朝は、妻が靴下を履かせながら起こしてくれます。起きるとすぐテレビと新聞を見ながら朝食を取り、身支度を整えて、息子に見送られながら家を出ます。この間6時間40分しかありません。帰宅は電車だと、11時半に会社を出て、12時の新宿発最終特急に乗ると、1時頃東林間の我が家に着きます。タクシーだと12時20分に会社を出れば、東名高速を通って1時頃我が家に着きます。電車だと立ちっぱなしで絶対に座ることが出来ませんが、タクシーだと寝て帰れます。しかし、タクシーを使うと目立つので、週1回ぐらいに抑えました。土、日は出勤しませんが、理論解析研究や論文の査読等で多くの時間を割きました。この様な生活が東京にいる間、ほとんど10年間続きました。今時、残業が多いのは、効率が悪いからだとか他人に任せ

ないからだとか言って、悪いことのように言われることがあります。しかし、その任と能力のある者は、月200時間ぐらいの残業はこなして欲しいと思います。私の場合は、結果としては、自分のやること、やるべきことを自分の思い通りにやり、そして、やらせて頂きました。学問的な技術書だけでなく、メーカーへの発注書、契約書、会議議事録、実験結果や成果の社内報告書、電力への説明書、予算要求資料、安全審査関連資料、パンフレット等膨大な資料を一人で作りました。また、決めるのに当たり、私には何か特別の権限があった訳ではなく、社外で権限を持つ役所、電力の合意、許可を取り付け、私の上司は勿論、社内の企画部、経理部、安全部等の関連部署には必要に応じて説明を行い、合意を取りました。昼は説明、夜は資料作成のただひたすらに働く10年間でした。

　原型プラントの建設は、DOP-1が1985年11月に着工し、DOP-2の設計も終わりました。DOP-2の設計結果を見ると、前述のCセットを採用したため、カスケード室の面積がDOP-1のカスケード室の面積に比べ、同じ性能であるにも拘わらず丁度半分に減っており、Cセットが経済性向上に如何に役に立ったかを如実に示しています。工事は順調に進み、日本原燃産業（株）は青森県六ヶ所村に商業濃縮工場を作ることとし、これに呼応して、UEM（株）は

仙台市に作った原型プラント用遠心機量産工場でCセットと同一の遠心機を商業濃縮工場用に連続的に製造することとしました。

　原型プラントの運転開始の1年ほど前に東電から難題が持ち込まれました。原型プラントの建設費を決める時に濃縮役務価格は22,300円／SWUと決めていました。この値は当時の海外役務価格100ドル／SWUと円レート223円／ドルから決めたものです。しかしそれから3年程経った間に、急速に円高が進み、180円／ドルになっているので、このレートで役務価格を見直すというものです。既に建設費は決まっており、その価格でメーカーは建設していますし、運転費も円高が進んだからと言って下がる要因はほとんど有りません。そこで、役務価格変更は不可能と答えたところ、東電の次長は「では建設費、運転費の中身を精査する」と言って、電力各社の購買担当課長を集めた説明会が設定されました。分厚い予算用の説明資料を持って玉井室長と共に行くと、「たった2人しか来ないのか」と言われました。資料に従って詳細な説明をし終えると、東電の次長がいくつかの質問をしました。役所の予算ヒアリングに比べるとかなり甘いものでした。即答で返事をしていくと、攻め手に困った次長は他社の購買課長に「あなた方も厳しい質問をしてください」と言いました。すると、

九州電力の課長が「もうこれでいいじゃないですか。大体うちが言っていることが無理筋なのですよ」と言いました。次長は「内部の意見を統一してからまたやります」と言ってお開きになりましたが、その後説明会は開かれず、役務価格は変更無しでした。東電次長としては、少しでも経費削減に努力しているところを見せたかったのでしょうが、面子丸つぶれにしてしまいました。これだから私は嫌われるのでしょう。

　役務価格再交渉が終わって直ぐ、玉井室長から指示が出て、「これ迄パイロットプラントで試験したUF6は専ら仏コジェマ製で、実績がある。しかし、原型プラントには英、米、カナダ等からも来る。人形峠で作ったUF6をパイロットプラントで使ったところ、ベタベタした付着物が配管に付いて、上手く運転出来なかった。従って、コジェマ製以外のUF6を原型プラントで使った場合、上手くいくかどうか分からない。パイロットプラントを使って調べろ」との指示です。私は「もうそれをやっている時間がない。それに、人形峠ではUF6は硫酸を使って作っていて、外国は皆塩酸を使っている。遠心分離工場で使って、問題になったと聞いたことはないので、大丈夫じゃないですか」と言いましたが、「やってみなければ、分からないじゃないか。直ぐやれ」と言われました。やるとすれば、

原型プラントの運転開始前にやらなければ意味が有りません。商社を呼んで、UF6は一番早くていつ入荷できるかを聞きますと、商社は直ぐ調べて返事すると言いました。UF6を購入する場合、科技庁の許可が要りますので、核燃料課に行きました。すると、核燃料課は「今、人形峠で購入して余ったUF6が大量に残っていて、会計検査で問題になっている。これ以上購入するのはだめだ」とのことです。今迄、人形峠では、予算が使いきれないと、余った予算でUF6を買って貯め込んでいたのが会計検査で問題になっているそうです。今度の購入は目的が違うと言ったら、「そんなにやりたければ、UF6を電力に持ってこさせれば良いじゃないか」と言われました。そこで、東電に行くと、「そんな急に言われてもやれる訳がない。何かやろうとすれば、全電力の合意が要る」と言われました。動燃に戻ると、丁度、商社が来ていました。商社は「私印でもいいから、今すぐ契約書に印鑑を貰えれば、ぎりぎり間に合って納入できる」と言いました。私は直ぐ、「役所はダメだと言っている」と言いましたが、玉井室長は「お前は黙っていろ。俺の責任でやる」と言ってハンを押してしまいました。私は困ってしまいましたが、放っておく訳にもいかず、核燃料課に行って、「実は、もう契約をしてしまっています」と言いました。核燃料課は「そんな勝手な

ことをする奴の面倒は見ない」と言って、怒ってしまいました。そこで、会計検査への説明文を作って出直しました。しかし、「忙しいのだ」と言って話を聞いてくれません。こういう時は、部屋の前で首を垂れて、立って待っているしかありません。1時間位経って、やっと話を聞いて貰えました。ところが、ウラン購入の所掌は動力炉開発課だそうです。そこで動力炉開発課でも1時間位立っていて、やっと話を聞いてもらいました。結局2週間近くかけて、何とか購入を認めてもらいました。このことを玉井室長に報告に行くと、「正論が通るのは当たり前だ」と言われました。役所の説得が如何に大変かは分かって貰えませんでした。

　役所の説得が困難で、お役御免になった例が有ります。私が本社に来た時、原型プラントの環境影響評価を担当していたのはKU課長です。環境影響評価とは、放射性物質を取り扱う施設を新設する時、環境に悪影響を与えないかどうかを評価する制度です。核燃料課が担当で、KU課長が説明に行っていたのですが、なかなか進まないので、私に彼の手助けをしろという指示が出ました。そこで、今まで説明に使っていた資料を全て見直して、改良し、追加資料を作り、KU課長について核燃料課に行きました。彼は気が弱く、質問が出ると直ぐ「はい、検討します」と答え

ます。資料に書いてあることを答えれば良いのに、あれで
は進まないはずだと思っていました。それからしばらくし
て、玉井室長から「資料を持って理事室に来い」と言われ
て、部屋に入って行きました。すると、理事の怒鳴り声が
聞こえて来、「KUは前からダメだと言っていただろう。
さっさと辞めさせろ」と言っています。これは聞いてはい
けないと思い、部屋を出ようとすると、「そこで待って
ろ」と言われたので、全部聞こえました。役所からKU課
長を変えろという要求が有ったそうです。やがて、KU課
長は辞令が出て人形峠へ転勤になりました。環境影響評価
は、私が後を継いでやり終えました。安全審査に比べれば、
大した仕事ではありませんでした。今一つの例は当時の濃
縮部のSI業務課長です。彼もお人好しという感じでした
が、上司と役所の板挟みになって、両方から攻められ、精
神疾患となり長期入院しました。本社課長は決して生易し
い仕事ではなく、気弱でもお人好しでも務まりません。

16. 濃縮部門生き残り作戦

　1987年4月、原型プラントDOP-1の運転開始約1か月前に、本社は原型プラント建設室が無くなり、業務課と計画課の2課になりました。錦戸濃縮部長が退任して玉井建設室長が新しく濃縮部長になり、業務課が人形峠事業所所掌で以降の原型プラントに関する業務をやることとなりました。私は計画課の課長になり、原型プラントを離れました。5月に人形峠で行われた原型プラント運転開始の式典には、呼ばれもしませんでした。ウラン濃縮に関しては、民間がその役割を増大させる中、動燃の濃縮部門はどうやって生き残りを図るかが課題でしょう。最大の仕事は、私が計画課の課長になる直前に決められた電力との新素材高性能機開発共同研究計画を遂行することでした。この高性能機開発の電力共研は、国と電力折半の200億円の予算で、5年計画でスタートするところでした。それまで新素材機の開発にはほとんど関与していなかったのですが、原型プラントに採用された金属胴機とは別に、東海の運転1課で構造設計、製作を進めてきた新素材機の開発を電力との共同研究として大規模に進め、完成させるのが役割です。開発の現状を調べるために東海に行くと、この遠心機の設計者のS運転1課長は「もうちゃんと回っている。分離性能もそこそこ出ている。これをプロジェクトにして何をするのだ？」と言いました。ところが、運転部門の運転2課

長の所へ行くと「あれは回していると、どんどん振動が増えていく。あんなのは物にならない」とのことです。設計者の所へ戻ると「振動が増えれば、バランスを取り直せばいいじゃないか」と言います。これでは実用機の満たすべき要件が全く理解されてないといえ、技術的に大きな壁が有る事を知りました。すぐ、振動が増える原因究明と対策に乗り出しました。「回転試験前後の寸法測定では、違いがほとんど分からない。回転胴下端板が少し変形しても上部では大きい変化になるから、下端板が変形しているに違いない」とのことです。下端板も複合材で出来ていたので、クリープ変形及び乾燥による変形が心配されました。東海は複合材の層構成を変えて、変形を抑えようとしましたが、時間ばかりかかって上手くいきません。私も色々考え、「金属胴の遠心分離機の端板は高張力鋼で出来ており、このような変形は無かった。今迄使っていた高張力鋼でトライしてくれ」と指示しました。複合材料は石川島播磨重工業と住友電工の合弁会社NCMが作っており、金属材料は苦手のようなので、高張力鋼の端板の設計製作は日立製作所に依頼しました。この対策を採った回転胴を作り長期回転試験に供試すると、振動の増加は無くなり、下端板変形の問題は解決しました。電力共研では、これ等の問題や解決案を全て詳細に電力に報告することになっていました。

先ず、課長クラスの会議で説明し、次に部長クラスの会議
で説明し、最後に遠心法技術開発推進委員会で説明しまし
た。この推進委員会は、電力共研の最終決定機関として半
年に1回程度開催されました。推進委員は、東電、関電副
社長、動燃理事長、日本原燃社長、UEM、NCM社長の6
人でした。電力各社の部長、電事連、科学技術庁核燃料課
長、動燃の濃縮担当理事、企画部長、メーカー部長等が後
ろに並ぶ豪華キャストの委員会でした。事務局は動燃と日
本原燃でしたが、説明資料は私一人で作りました。資料の
説明は玉井部長がしましたが、技術的な質問に答えるのは
ほとんど私でした。この頃は、TO東電副社長が原子力
トップと言われており、この委員会は、実質的にはTO副
社長へ御進講申し上げる会でした。TO副社長の権威は大
変なもので、会議が始まる前は、全員静かに着席して、
ぴったり時間通りに入ってくる副社長を待ちます。終わる
と電力側の出席者は、車寄せの所まで副社長を見送りに行
きます。企画部の方が「動燃の拡大理事会もこんなものだ。
非常任理事のTO副社長が出席する時は、机を横に長く並
べて、片側の中央に副社長が座り、もう片側に理事長以下
全員が座り、副社長に御進講申し上げている」と言ってい
ました。この会議を通じて、私は、TO副社長はさすがに
物理現象に対する造詣が深く、技術的な説明もよく理解し

て頂けると感心しました。ある時、東電の担当者に「委員会の前に説明資料を持ってTO副社長に説明に入るが、副社長の質問が詳しすぎて答えきれないところがある。甲斐さん委員会の場で答えてください」と言われました。

　新素材高性能機開発の進展につれて、この遠心分離機を商用プラントに採用するためには、新素材機によるパイロットプラントが必要となり、その台数が議論となりました。動燃としては、プラント規模を1,000台とし、人形峠のパイロットプラントを改造して使うのがパイロットプラントの運転員の職場確保の観点から最良です。しかし、電力側は出来るだけ経費を節減するため300台とし、東海事業所に設置する案を推奨しました。そこで、メーカーと相談して、「遠心分離機製造の観点から、量産技術を開発し商業プラントを建設するためには、1,000台程度の製造経験が必要」という資料を作って、電力の課長クラスの会議で説明しました。これに対し、電力は「では分かった。1,000台作ろう。但し、パイロットプラントは300台だ」と言います。「残りの遠心分離機はどうするのですか？」と聞くと、「商業プラントで使う」と言います。「しまった、そういう手があるのか」と気が付いて、「いや、カスケードとしても1,000台必要です。その理由を書いてきて、直ぐ説明します」と言って、慌てて会議を打ち切り、逃げ出

すように帰りました。いつもは、議論し合うと私が勝って
やり込めていたのですが、この時は喜ばせてしまったよう
です。本社に帰り、玉井部長にこのことを報告すると、
「では直ぐその資料を作れ」と言います。「今日は忘年会で
す」と言うと、「だからどうした」と言います。丁度この
日は忘年会で、皆、私の帰りを待っていました。私は忘年
会の出席を諦め、徹夜でカスケードとしても1,000台必要
だという資料を作りました。電力も最後は折れてくれて、
人形峠のパイロットプラントを改造して新素材高性能機
1,000台のパイロットプラントを作ることに決まりました。
　もう1つのテーマとして、分子レーザー法ウラン濃縮が
検討されていて、これも進めなければなりませんでした。
レーザー法には、ウラン原子を用いる原子法とウラン分子
であるUF6ガスを用いる分子法があります。原子法はア
メリカで大規模に開発されており、日本では原子力研究所
が手がけていました。ウラン原子蒸気のうちレーザー光に
よりウラン235のみをイオン化し、これを電極に集めて濃
縮ウランを得ます。分子法は西独で開発されており、日本
では理化学研究所が手がけていました。気体のUF6に赤
外レーザー光を照射し、U235から成るUF6のみをUF5と
Fに解離して、固体になったUF5と気体の六フッ化ウラン
を分離します。科技庁に行くと、「理化学研究所がやって

いる基礎研究を実用化するためには、予算規模から考えて
動燃のほうが適切である。理研に行って、上手く貰ってこ
い」とのことです。理研は取られる方ですから、面白いは
ずがありません。私が1回目に行った時は、担当主任研究
員は会ってもくれません。そこで、「名刺だけでも置かせ
てくれ」と言って帰りました。ところが、2回目からはに
こにこと笑顔で対応してくれました。この理由は、私が当
時原子力学会の編集委員だったからだと思います。理研は
論文で業績を評価されます。編集委員は上司より怖かった
のでしょう。分子法の動燃移転はスムーズに進みました。
　遠心分離法のプロジェクトは上手くいくほど、終了の時
間が早くなります。玉井部長に「我々の生き残り作戦をど
うするか？」と問いかけても、「部長としては何もできな
い」とのことです。もうプロジェクトの終了を覚悟してい
るようです。科技庁核燃料課は、国の方針を決めるウラン
濃縮懇談会報告書に、ナショナルプロジェクトの終了に当
たり、「今後の遠心分離機の開発は、民間がやる」という
文言を入れようとしていると聞きました。これまでは、全
て上司に相談してから行動していたのですが、この件は玉
井部長と相談しても反対されると思い、直接、核燃料課U
課長のところへ行って、「民がやると言っても、急速に進
む円高のなか、経済性の達成は容易ではない。官がある程

度は補助する必要がある。保障措置上も国の関与は必要
だ」と言いました。U課長は理解を示してくれ、「上手い
方法があるか？」と聞かれました。そこで、「このような
時は、基礎的、基盤的研究をやるとするのがよくある手
だ」と言い、この文言を入れて貰うことにしました。この
ことを企画部に説明すると「基礎的、基盤的研究とは材料
や部品の研究をやるということだな」と言われました。こ
れではまずいので、再度U課長のところへ行って、「先導
的」という言葉を入れて、「今後は民が主となって開発を
やり、国は基礎的、基盤的、先導的研究をやる」という文
言に直して貰いました。U課長は後に科学技術庁が文部省
に統合されて出来た文部科学省の事務次官になった方です。

　これにより、濃縮は、ナショナルプロジェクトとしての
開発を終了することとなりました。この間約25年で、
2,000億円を超える事業費を使いました。動燃では、その
後を含めても、他に例のない唯一の成功したプロジェクト
でした。ここで、「唯一の成功した」という表現に改めて
注釈を加えます。他部門でも実験に成功した、また、機器
の開発に成功したといった例は多数あります。しかしそれ
等は開発の途中段階であって、プロジェクトが成功したと
言うためには、その技術が民間に移転され、国民の役に立
たなければなりません。国の開発費は税金から賄われてい

て、単に実験に成功しただけでは国民の役に立ったことにはなりません。遠心分離機性能向上の経過を図19（動燃事業団パンフレット「ウラン濃縮」より）に示します。ここで、細い線は金属胴機で3期に分けて建設されたパイロットプラント（OP-1A,OP-1B,OP-2）の遠心分離機の

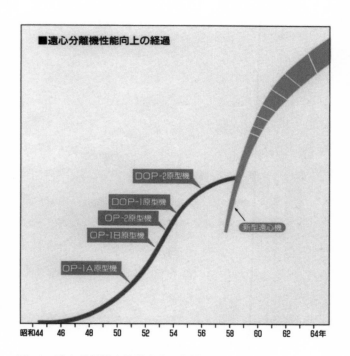

図19：遠心分離機の性能向上の経過

性能と2期に分けて建設された原型プラント（DOP-1,DOP-2）の性能を年代毎に比較して、定量的に示したものです。この性能向上は遠心分離機の周速の向上と長胴化によってもたらされたものです。太くなっていく線は複合材料胴機で、金属胴機に比し、更なる高周速化、長胴化が図られたものです。破線はナショナルプロジェクト終了時点での、今後の可能性を示しています。

　プロジェクト終了の時期について、「今、苦労して電力共研を進めている最中ではないか。せめて、電力共研が終わるまで濃縮部を存続して欲しい」と言いましたが、誰からも全く聞き入れられませんでした。この理由をある企画部の人が次の様に語ってくれました。電力は今迄、国とは独立した原子力政策をとってきた。しかし、電力自由化等経営環境が厳しくなってくるなかで、濃縮の技術移転を行うとなれば、国そして動燃と仲良く協力してやらなければならないということになり、IW動燃理事長の所へ行って「今迄の態度は悪かった。今後はもっと仲良くやりたい」と言った。これに対し、理事長は「悪かったと思うなら言葉だけではダメだ。私を原子力委員長にしろ」と言った。すると電力が反発し、「向坊先生（東大教授で当時の原子力委員長）に止めろと言いに行けという事か。お門違いも甚だしい」と言って怒った。これに対し、理事長は「それ

なら濃縮なんかさっさと止めてしまえ」と言って、このような結果になった。

　濃縮部が無くなる1か月程前に、玉井部長から「4月に濃縮部が無くなり、私は日本原燃に行く。後をよろしく頼む」と言われました。電力共研で進行中の新素材高性能機開発は、パイロットプラント計画が決まり、下端板問題が解決し、3か月耐久性実証試験での定格運転も問題なく進んでいるのでこのまま終了できると認識していたのですが、その直後、東海から連絡が入り、耐久性実証試験を終わり、遠心分離機を降速する時に、大きい振動が出たとのことです。直ぐ東海に行き、データの検討をしました。その結果、下端板ではなく、回転胴に曲がりが生じていることが分かりました。新しい現象で、この解決にはかなり時間がかかりそうです。このことを玉井部長に言って公にすると、「後をよろしく頼む」と言った玉井部長が日本原燃に取締役で栄転するのが駄目になる可能性があるので、この責任は自分一人で背負っていくしかないと覚悟を決めて、東海に口止めをし、4月になるのを待ちました。

　1989年4月1日付で、本社の濃縮部は無くなり、濃縮部門を管轄する濃縮課、東海の再処理工場を管轄する再処理課及びプルトニウム燃料製造工場を管轄するプルトニウム燃料課から成る施設計画部が出来ました。東海の濃縮技術

開発部も大幅に縮小され、課レベルの遠心法開発室となりました。しかし、部が無くなった時、濃縮で部長職にあった方は破格の待遇で転身出来ました。「濃縮部は失敗して無くなるのではなく、成功して無くなるのだから、人事には配慮するように」という役所の指導があったそうです。彼等は他部門の部長やその上の職、また、日本原燃やメーカーの取締役に就きました。濃縮出身者では、日本原燃で十数人の技術者を連れて行っただけで、4人が取締になりました。再処理出身者では、約100人の技術者を連れて行って、1名が取締になっただけです。さらに、濃縮部長であった玉井氏には科技庁の科学技術庁長官賞、人形峠の工場長であった橋本氏には科技庁安全功労賞が授与されました。科技庁長官賞は濃縮部門では前回の中村氏に次いで2人目です。パイロットプラント迄は中村氏の功績で、以降は玉井氏の功績とされました。私の仕事は受賞の申請書を書いて科技庁に説明してくることです。資料の作成は簡単です。自分のやったことを書いて、主語を受賞者にすれば良いのです。言い方を変えれば歴史の改竄とも言えますが、これも仕事だと思い、賞を貰ってくる責任を果たしました。

17. 電力共研の仕上げ

　私は濃縮課の課長となり、課長職で、濃縮部門全体を見ることになりました。分子レーザー法の開発は、濃縮のプラント機器を開発していた課が担当することとなり、濃縮部門から離れました。課長の権限は弱く、濃縮部解体時の人事、褒賞に対するねたみと反感を一身に浴びました。濃縮は核燃料サイクルの一員では無く、仲間では無いという意識もあったのでしょう。プルトニウム燃料開発室出身で上司となったTU施設計画部長から「濃縮は放射能が低く、一般産業とほとんど同じ下賤の仕事だ。我々の仕事は放射能が高く、大変な仕事だ。どうしても事故が起きる。それなのに、濃縮ばかりが優遇され、我々は非難される」と散々言われました。彼等の仕事の多くは、高度の技術開発はあまり無く、人海戦術で施設を動かし、事故を起こせば謝りに行く、言わば、泥臭いローテクと言えるでしょう。TU部長は、私の作る文章を理解する能力などなく、説明すればするほど分からずに腹を立て、我々の価値を認めて貰うのは不可能でした。

　電力共研の推進において、今一つの問題は、東海で開発を進めているS運転1課長が解任されて担当役になったことです。全く知らなかったので理由を聞くと、計測器メーカー、マークランドに異常な発注をしていたからだとのことです。S運転1課長が外れたため、自ら技術開発の陣頭

指揮を取らなければなりませんでした。耐久性実証試験を
行っていた回転胴に曲がりが生じている原因は、スーパー
クリティカルにするため、金属胴のベローを模擬して製作
した複合材のベローがクリープ現象を起こしているからで
した。回転を停止したのは4月だと電力に説明して、推進
委員会を開きました。玉井前部長に代わって、TU部長が
資料を読み、これに対しTO東電副社長が質問しました。
この質問にTU部長が的外れな答えをしました。すると副
社長は、「俺は技術屋だぞ」と言いました。部長はそれ以
来、技術的な質問には全く答えず、全部私が答えました。
そして、この事がますます部長の反感を買いました。原型
プラントの運転は運転員90人、業務協力員30人の部体制
でやっていましたが、部長はこれに対し、「運転員を大幅
に減らして、運転員30人、業務協力員60人の課体制にし
ろ」と言います。人事部に話して、「動燃としても、部が
1つ無くなるから損である」と言って貰い、撥ね付けまし
た。また、「濃縮は出来るだけ早くやめるべきで、先導的
研究の予算要求はやめろ」と言います。これも核燃料課か
ら「ウラン濃縮懇談会で決めた既定路線である」と言って
貰って、撥ねつけることが出来ました。当然、更なる反感
を買いました。濃縮課と再処理課の大きな違いは、仕事の
やり方です。再処理工場で事故が起きた時、再処理課は全

員徹夜で事故対応をやります。工場で作った資料を持って科技庁へ謝りに行きます。科技庁で問題点を指摘されて帰ってきて、これを工場に投げて新たな資料を作って貰って、また説明に行きます。これを何回も繰り返します。自分で資料を作っていないから、質問が出た時十分に答えられないのです。大勢の要員と長い時間がかかります。濃縮施設でも事故は起こります。私は現地に状況を聞き、設計図書や安全審査資料等関連資料を取り寄せますが、説明資料は自分で作ります。結果的に事故対応は短期にほとんど一人で済みます。これに対し、TU部長は、濃縮は放射能が低く易しい仕事だという思いをますます強くします。事故対応が無い時は、夕方6時ぐらいになれば、誰かが酒を出してソファーで、皆で集まって飲み始めます。意思の疎通をし、仲間意識を高め、上下関係を確認し、人物品定めをする場です。TU部長は、酒が回ってくると我々が机に向かって仕事をしているのを見て腹が立つようです。私の所へ酒を持ってきて「飲め」と言います。こちらは東海の電力共研と人形峠のプラント運転を抱えていて忙しく、飲んでいる暇はありません。断ると「俺の酒が飲めないのか」と言って怒ります。そこで、酒が出始めると、居室を出て会議室へ行って仕事をしていました。

　ベローのクリープ現象に対しては、ベローには強い遠心

応力が発生し金属材料で代用することが出来ないので、複合材の層構成をクリープの起き難いように形状や寸法精度を改良していきました。そして、クリープの温度、時間換算則を作り、10年以上運転できることを確認しました。これには長期運転データが必要なので、共同研究の期間を1年延長する必要がありましたが、電力も快く賛成し、追加予算を付けてくれました。

　一つ気になったのは、今迄建設費は全て動燃に入り、動燃がメーカーに発注していたのですが、このパイロットプラントでは、電力が直接メーカーに発注して遠心機を製造し、動燃に搬入して、動燃が運転するということです。そこで、遠心機の価格を聞きましたが、この価格が高いので、「将来0.6乗則を適用しても、高すぎるのではないか？」と聞きました。0.6乗則とは、量産した場合、製造コストは製造規模に比例するのでは無く、約0.6乗で上がるという経済学の経験則です。これに対し関西電力は、「後は、電力に任せてくれ」とのことでした。

　もう一つ大きい問題になったのは、UEMの契約違反の問題です。ベローのクリープの問題解決に取り組んでいた時、UEMがベローのような突起物を使わず、層構成を変えるだけで一部を曲がりやすくしてクリティカル振動を超える方法を考案し、実験してみて上手くいったのでこの方

法を採用したらどうかという提案をしてきました。私は、これは上手い案だと思いましたが、「この共研では今の案で何とかなりそうなのでこのまま進め、次の開発の時考えれば良い」と言いました。ところが、これを知ったW施設計画部次長が、「契約では、何かやる時は動燃の許可を取ってやることになっている。勝手にやったのは契約違反だから社長の謝罪文を持って来い」とUEMに言いました。「UEMは別に他者にこの情報を出した訳でなく、むしろプロジェクトを成功させるための案を出したのだから、問題にする必要はないではないか」と言いましたが、IW理事長をバックにしたW次長はあくまで契約違反だとして謝罪文を要求し、UEMとの関係が極端に悪化しました。

　私は、この共研が終わる半年前に東海転勤となりました。ここまで本社課長として獲得した予算額は1,000億円超でした。東海では、遠心分離機開発室室長となりました。約半年間、電力共研の仕上げの仕事をし、新素材高性能機のパイロットプラント建設決定まで漕ぎ着けました。

18．挫折

　1992年4月パイロットプラント建設決定と同時に私は担当役の辞令を貰いました。遠心室を所掌するKM核燃料開発部長から、「もうお前は担当役で、課長では無いのだ。遠心分離機の先導機開発にも分子レーザー法の開発にも一切口を出すな。お前がいると後を継いだ室長がやり難いから、遠心室の居室を出て個室に行け」と言われました。あまりの言い様と思いましたが、今日は余程ご機嫌が悪いのだろうと思い、後日改めて「私は何をやりましょうか？」と聞きに行きました。すると、「お前はもうすぐ50歳だろう。それぐらい自分で考えろ」と言われました。

　本社からW施設計画部次長が来て、「原型プラントが劇毒物取締法の申請をしていないので、理事長が告発を受けた。お前のせいだぞ」と言って、私が事情を説明しようとすると、聞かずに直ぐ帰りました。私が本社濃縮課長の時、日本原燃から、「法律文を読むと、濃縮工場は劇毒物取締法の申請をしなければならないように読める。原型プラントはどうなっているのか？」という問い合わせがありました。前の担当者に聞くと「所管の厚労省に何回か問い合わせたが返事を貰えないので、申請していない」そうです。直ぐ弁護士に相談をしたところ、「ウランガスのフッ素は劇毒物で、直ぐ申請すべき」と言われたので、人形峠に指示して厚労省現地事務所に申請に行って貰いました。とこ

ろが、厚労省は、「原型プラントはウランガスを賃濃縮しており、ウランガスの所有権は電力から動燃に移っていないので、申請不要」との見解を文書にして出してきました。これを見て、製品の濃縮ウランガスは所有権が移らないが、廃品の劣化ウランガスは移るので、もう一度厚労省に行くように指示しました。しかし、再度行っても主要製品である濃縮ウランガスは所有権が移らないので申請不要との回答が口頭で有ったので、申請を取り下げました。厚労省は、ウランガスという放射性物質に余程関わりたくなかったのでしょう。ところが訴訟となると、厚労省は、主要製品の濃縮ウランは所有権が移らないという理由では廃品の劣化ウランガスが移るため裁判に負けると思い、申請しなかったのは動燃だということにしたいようです。通常この様な問題が起きた時は、問題を起こした者に対応させるのですが、私には何も対応させません。動燃が厚労省とどの様な話をしたのかは分かりませんが、私が「主要製品の濃縮ウランガスは所有権が移らないので申請不要」と厚労省が言ったと主張するのが困るのでしょう。そして、動燃は私の居ないところで責任を引き受け、私にその責任を押し付け、私を担当役にして何もさせないことを正当化しているとしか思えませんでした。

　その他でも周りのある人から、「お前がいると濃縮が終

わらない」と言われました。動燃スリム化の要求の中で、濃縮は他部門から目の敵でした。また、ある人は「お前が電力の味方をしたからこうなった」と言いました。電共研の推進委員会でTO副社長に丁寧に説明する私の姿に腹が立っていたのでしょう。また、ある人は「IW理事長と麻雀をやっていれば、こんなにはならなかっただろう」と言いました。本社にいる時、2度理事長と麻雀をやったのですが、忙しくてそれ以上は付き合えず、その後の誘いを断りました。

　私は、動燃にはもう居場所が無いと考えて、日本原燃に移籍した玉井氏に電話をし、日本原燃への移籍を申し出ました。玉井氏は「お前がそんなことになったのなら、直ぐ考えよう」と言いました。やがて電話が来て、「日本原燃からお前をくれとは言わない。動燃からこんなのがいるから取ってくれと申し出るようにしろ」とのことです。自分で自分の人事の話をするのは辛いことですが、仕方がないので、KM核燃料開発部長に移籍の希望を伝えました。KM部長は「そんなに慌てて移籍しなくても良いじゃないか。少し待てば風の吹き回しが変わることもあるから」と言いました。そこで、9月の人事異動シーズンまで待ちましたが、何の動きもありません。日本原燃の開発体制が固まってしまったら、私が行き難くなるということもありま

すので、もう一度KM部長に移籍を申し出ました。すると、
「TU施設計画部長に相談したら」と言われました。そこ
で、TU部長に相談すると、「人事に相談したら」と言い
ます。人事に相談すると、「では、来年2月に日本原燃と
の定例人事打合せがあるので、その時この移籍の話をしよ
う」と言われました。2月になり、玉井氏から電話が来て、
「日本原燃の開発部はあなたを採らないと決めたようだ。
運転部門でもよいか?」と言われました。「今更どこが良
い等と言っている場合ではないので、どこでも良い」と答
えました。しかしその日の午後、又、玉井氏から電話が来
て「日本原燃全体であなたを採らないと決めている。もう
日本原燃に来るのは諦めろ」とのことです。後にこの理由
を聞くと、先に日本原燃に行った先輩等が、私が来ること
に反対しているからだそうです。彼等は、私が来たら自分
の居場所が無くなると思ったのでしょう。私は行く先が全
く無くなってしまいました。濃縮の担当役と言っても、仕
事に関する回議書、契約請求票、会議案内等も回覧されず、
一切シャットアウトでした。予算も無いので、昔のような
数値計算もできません。転職も考えましたが、具体的な当
てが無く、その勇気がありませんでした。給与面では、管
理職手当は最低クラスに引き下げられましたが本給は下が
らないので、食べていくのに困ることは有りません。何も

しないで、何の責任も無く、給料だけ貰えるのは、見方によってはこんな良いことはありません。

　ナショナルプロジェクトが終了し、遠心室の役割は先導機の開発と電力への技術移転です。先導機の開発は、Ｔ遠心室長代理が設計を担当し、ＮＣＭに回転胴の製造を委ねて進めていましたが、内容は全く分かりません。技術移転に関しては、後任のＫＯ遠心室長が遠心室の朝礼の時、「日本原燃から動燃の運転技術を学ぶため、出向者が来ることになった。出向者が事故を起こしてはまずいから、バルブの操作は教えろ。しかし、分離試験のやり方は教えるな」と言っていました。名目上、技術移転は誠意を持ってやることになっていますが、実際は、動燃は仕事を取られるような気がして、上から下まで嫌でしょうがないのです。

　その後の遠心機開発に関する動きについて知り得た情報を述べます。ある時、電力共研で知り合った関西電力の方から、「新素材高性能機は商業プラントに導入するには高すぎる」と言って東京電力が反対しており、一方関西電力の部長は「土下座してでも導入を認めてもらう」と言っているとのことでした。しかしその後、東電が認めないので、関電はＵＥＭに価格値引きを要求したが、ＵＥＭはこれに応じず、結局、新素材高性能機の商業プラント導入はやらないことになったそうです。価格が高いのを心配していた

のがやはり当たりました。また、これにより、関電と
UEMの関係が悪くなり、以後東電とUEM主導で新素材
高性能機より7割程度性能の高い高度化機を開発すること
になった。そして、高度化機の回転胴は前に提案のあった
ベローのない一体成型で、経済性が大幅に向上すると
UEMは説明しているとのことです、また、ある情報では、
UEMは新素材高性能機の商業プラント導入に反対した。
この理由は、新素材高性能機の回転胴はNCMが開発した
ので、商業プラントの回転胴もNCMが製作することになり
り、UEMは遠心機の主要部の製作が出来なくなるからだ
とのことです。一方、動燃はUEMの高度化機の倍の性能
を目指した先導機の開発を進めており、Yプロと称して、
フランスとの共同研究を始めました。フランスから私にも
先導機に対する技術的見解を聞かれましたが、「全く関与
していないので、分からない」と答えました。やがて、フ
ランスは、Yプロから撤退してしまいました。先導機の
データを見て、これでは物にならないと見て見限ったので
しょう。遠心機の技術を理解しているプロジェクト管理者
がいなくなり、全体の技術判断で物事を決めずに、自己の
利害で開発を進めようとするため、協調してプロジェクト
を進めるのではなく、対立ばかりが目立っていました。
　ある時、T室長代理が「先導機に上下抜き出しを採用す

る」と言いました。上下抜き出しは、私が特許を取ったアイデアなので、教えてくれたのでしょう。今迄スクープ管は上下2本共、図3にも示されるように回転胴の上の開口部から挿入していました。しかし、回転胴が長くなると下のスクープ管の支柱も長くなります。スクープ管の半径方向の設定位置はウランガスの勾配が急なので、極めて厳密なものにする必要があります。回転胴の長さが何メートルもあると、製作精度だけではなく運転中の温度変化も有り、正確な半径方向の、位置設定が困難になります。そこで、下のスクープ管を回転胴の下から挿入し、バッフル板により分離性能を下げないようにするというアイデアです。この特許に使った図面を図20 [30] に示します。上部からスクープ管18を挿入すると共に下部からスクープ管20を挿入しています。下部スクープ管から出来るだけ濃度の高いガスを抜き出すため、バッフル板52を設けたのが特徴です。このアイデアで、容易に考えられる欠点は、回転胴下部に開口部があるので、2本のスクープ管を上部から挿入した場合に比べ、下部軸部のウランガスの圧力が上がる、又、ウランガスと水分が反応してできるHF等の軽ガスが入った場合、直接下部軸が軽ガスに触れるという点です。このため、上部から2本のスクープ管を挿入し、下部スクープ管の半径位置を正確に設定することも考えました。

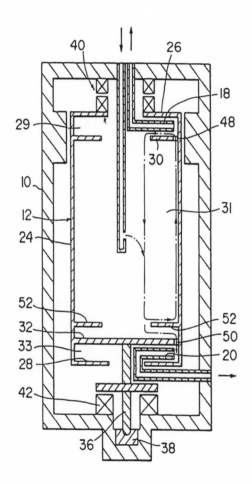

図20：上下抜き出し遠心分離機 [30]

190

このアイデアを図21 [(31)] に示します。下部スクープ管の支
柱の根元を図21中の第5図の様にフレキシブルにして防振
ダンパーを設け、下部スクープ管の下端を第2、3図の様
な振れ止めや第4図の様な磁石で位置決めしようとするも
のです。

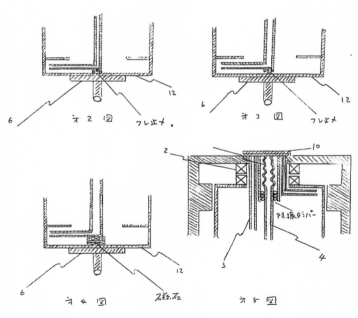

図21：スクープ管の設定方法 [(31)]

　この頃、炉部門の方から問い合わせがありました。窒素ガス同位体を遠心分離機で分離出来ないかという問いでした。現在の原子炉では酸化物燃料を使っていますが、酸化物は熱伝導度が小さいため、燃料の表面温度が高く事故の危険度が高くなります。窒化物燃料に出来れば熱伝導度が大きいため、燃料の表面温度が低くなり、安全になります。天然の窒素ガスは、N14が99.6％で、残りはN15の同位体組成からなっています。N14は中性子の照射を受けるとC14になり、放射能が強く半減期が長い極めて廃棄処理が難しいものになります。そこで、天然窒素ガスを濃縮して、0.4％しかないN15を90％以上の濃度にしたいそうです。現在の遠心分離機はウランガスのような重いガス用に作られていて、窒素ガスのような軽いガスの分離には直ぐには適用できないと答えると、何か良い方法は無いかとのことです。現状どういう研究がなされているかを調べるため、紹介された東工大の藤井靖彦教授を訪れ、化学法による窒素同位体分離の基礎理論、藤井先生の研究の内容、世界の理論解析や実験の現状と参考文献を教えて頂きました。

　イオン交換法によるウラン濃縮も同じ原理で、旭化成が一時は大規模にやっていましたが、今は止めてしまっていて、窒素濃縮をやる気は全くないそうです。理論解析の論文を読むと、基礎の連立方程式は、遠心分離機に比べはる

192

かに簡単で、そのまま数値解析で十分完全解が得られると思いました。先ず、容器に窒素ガスの供給抜き出しの無い、閉じ込められた系について計算することにしました。自分でもやれるでしょうが、若い人を育てようと思い、私より10歳程若くてコンピューター計算をやっていたＡ氏に声を掛けました。彼に計算式を示し、コード計算を頼んだところ、比較的短時間に計算結果を得ました。次の課題は、容器内に窒素ガスの供給抜き出しがある場合の計算です。これも頼んだところ、彼は「本社に行くので、もうやる気が無い」と言いました。そこで、自分で供給抜き出しが有る場合の計算コードを作り直し、計算しました。藤井先生に計算結果を報告したところ、「自分のイメージした現象をそっくり表現している。今迄化学法をやった中で、この様な計算をやれる人はいなかった」というお褒めの言葉を頂きました。これ等の解析結果は原子力学会誌[32][33]に掲載され、かなり正確に化学法によるN15の製造コストが示され、コスト的に極めて困難であることが分かりました。

　KM核燃料開発部長が本社転勤となり、新しく名古屋大学の金川先生の所から来た、ＴＡ氏が部長に就任しました。勿論、彼は動燃での業績は全くありません。動燃の上層部の人事の大半は、動燃での業績とは関係なく外部要因で決

まります。例えば、理事長、副理事長、約8割の理事は役所、電力等の外部から来ます。TA部長は、私が何かやれることはないかと問いかけて来、相談の結果、若手研究員の英語だけを使うゼミをやることにしました。月1回程度、核燃料開発部内の若手研究員を10名程集めて、Cohenの論文を教材に英語のゼミをやりました。TA部長の今一つの要求は、分離現象のワークショップを名古屋大学でやれということでした。金川先生が退任され、その後を継いだ山本一郎先生を国際デビューさせたいそうです。1996年9月ブラジルの名勝イグアスの滝の前のホテルで豪華に第5回分離現象のワークショップが開かれました。私は既に原子力学会に発表していたイオン交換法による窒素同位体分離について発表しました。このワークショップの主要な議題は、遠心分離機の計算モデルを決めて、その計算結果を比較し合おうということでした。しかし、前のようにウランガスのモデルですと、実際の値が具体的になって、各国とも計算結果を実際の値で発表できないので、対象を硫黄ガスにしたイグアスモデルを決め、この計算結果を次回比較し合おうということになりました。ここの組織委員会で、次回の日本での開催を提案しました。ロシアも立候補しましたが、次回を日本、その次をロシアということに決めて頂きました。

　1998年10月に名古屋大学で、山本先生を議長として第6回分離現象のワークショップが開かれました。これに先立ち、イグアスモデルを対象にして私の開発した解析コードを使って計算をしましたが、この時も、若手研究員に理論解析に興味を持って貰おうと思い、H氏にこのコンピューター計算を頼みました。そして、この計算結果を原子力学会誌[34]に発表し、ワークショップの時はH氏に発表して貰いました。フランスは解析解を組み合わせてイグアスモデルの計算を行い、結果が我々の発表した数値解析計算結果とよく似ていると言って喜んでいました。ロシアはこのモデルを決める時は乗り気だったのですが、計算結果の発表はありませんでした。彼等の計算方法では収束解が得られなかったようです。その代わり、モスクワ工科大学のBorisevich教授が「遠心分離機の数値解析の歴史と現状のレビュー」[35]を発表しました。それによると、「遠心分離機の技術開発の歴史に於ける重要な出来事のリストの中に、Beamsの最初の同位体分離試験の日とCohenの理論が書かれた本が出版された日と共に甲斐の遠心分離機の流れと拡散の数値解析に関する論文が発表された日が載っている」という文章から始まり、「甲斐のこの論文は遠心分離機の技術が航空機の設計のような成熟した技術になったことを意味する。そして、数値解析を計算実験と呼んで、計

算実験が今日世界中で研究、設計、工業的応用に使われる
ようになった」として、数値解析の効用を高らかに謳い、
また、「この遠心分離機の流れと拡散の解析研究が疑いも
無く遠心分離技術の開発と改良に繋がっている」と言って
います。私もこのことに全く同感で、ここまで多くの例を
示したように、数値計算結果を利用したお陰で遠心分離機
は急速な進歩を見、多くの無駄を省けたと思っています。
そして、自信を持ってメーカーに指示を与えられ、メー
カーも信用して私の指示に従ってくれたと思っています。
更に、Borisevichは実際の研究に有意義な成果として、
「空気のリークの分離に与える影響、回転胴のベローの影
響、3成分ウラン同位体分離も甲斐により解析がなされ
た」と書いています。また、ロシアはウラン同位体以外に
安定同位体分離に取り組んでいることが書かれていますが、
この中で、「多成分同位体の分離仕事量の計算式[26]も甲
斐によって初めて案出された」と言っています。これだけ
何もかも私がやったと言って褒めると、世界中の原子力研
究所や大学等で、当時多くのトップレベルの研究者が歴史
的にも長く遠心機性能の解析をやっていますので、お怒り
になる方もいるのではないかと心配になる程でした。この
時も、Zippe氏が来日されたので、人形峠へ案内し原型プ
ラントを見学して頂きました。この時得た情報では、「ウ

レンコは、なお高性能遠心分離機の開発を進めており、ド
イツのユーリッヒ研究所で開発している遠心分離機の性能
は100KSWU/Y を超えている。」ということでした。

19. 日本原燃移籍

　1998年の初夏、担当役になって5年が経過した頃、金川先生から電話があり、「私は動燃にあなたを使うべきだと再三言ったが、動燃は全くその気が無い。日本原燃の副社長I氏は私のポン友だ。彼にあなたを紹介したので、I氏と会ってこい」と言われ、会う場所と時間を指定して頂きました。I氏と会って帰ってくると、又、先生から電話があって、「I氏はあなたを気に入ったと言っている。あなたは移籍することになるから、もう日本原燃の社員の積りでいなさい」とのことでした。その後、サイクル機構でも動きが有り、日本原燃に移籍するなら、誰か連れて行くように言われ、数人の運転に従事している若い人に声をかけてみました。すると、「六ヶ所村のような遠く離れた僻地にいくのは嫌だ」と言う意見の他、「ここに来た日本原燃の連中をいじめたから、復讐されるので嫌だ」と言う人もいて、誰も行きたがらず、若い人の間でも日本原燃やUEMとの対立の根深さを知りました。その後、I氏が副社長を退任したこともあり、私の移籍は待遇等でも揉めたようですが、1999年6月、サイクル機構を退職し、日本原燃に入社し、青森本社ウラン濃縮部付となりました。

　入社して先ず、名刺を作ってくれました。名刺の案を持ってきた方に「肩書に工学博士と入れてくれ」と言うと「我が社には、そういう風習はございません」と言って断

られました。技術に重きを置かない会社だと思い、強い違和感を抱きました。私が入社すると間もなく、玉井氏は取締役を退任して日本原燃を去りました。濃縮部長はO氏で、直ぐ開発の現状を概略説明して頂きました。また、I氏に呼ばれて仙台の原燃マシナリーに行きました。原燃マシナリーは、UEMが商業プラント1,050TSWU/Y用の遠心機の製造を終えた後、生産が途切れるため電力の資本を入れて、改めて遠心分離機の開発・設計・製造等をすることを目的として1998年に設立されたものです。遠心分離機製造会社の難しい点は、製造している時は忙しいのですが、製造が一段落すると、遠心分離機の寿命が長いため、次の仕事を確保するのが難しいことに有ります。また、ウラン濃縮は装置産業で、濃縮工場の建設費が濃縮役務価格に強く影響を与えます。急速に進む円高のため、海外役務価格と競争するためには、濃縮工場の建設費、特に遠心分離機の製造コストの低減が求められます。I氏は日本原燃副社長退任後、ここの社長になっていて、I社長以下幹部クラスが出迎えてくれました。ここで感じたのは、実際に遠心機の開発に貢献した技術者があまり良いポジションを得ていないということです。前に東芝のKI氏が言った「我々は出世を諦めるしかない」という言葉が思い出されました。その後の経過を見ても、遠心法の開発に技術的に

大きな貢献をした技術者で出世した人を知りません。遠心法は、経済性を強く追求したが故にメーカーでも儲けが少なく、実際の開発に貢献した技術者が報われなかったと言えるでしょう。

　マシナリーから技術開発の現状について詳細な説明を受けました。高度化機の開発は、回転性能や分離性能等は十分な所定の結果が得られていましたが、喫緊の課題になっていたのは、下端板の酸化被膜の応力腐食の問題です。下端板に今迄使わなかった高強度金属を使ったところ、ウランガスの応力腐食で割れてしまうとのことです。この対策として、ウランガスが希薄で強い応力がかかる下端板の中心部に酸化被膜を付けるのを止めて、ガス圧が高く、やや応力の弱い外周部だけ被膜を付けるという案を考え、6か月耐久試験をやっているところでした。私は直ぐこの対策は危険だと思いました。応力が弱くても時間が長ければ、応力腐食が進展し、6か月耐久試験の結果が良くても、10年持つかどうかは分かりません。新素材高性能機の時のように温度加速試験等で10年以上の耐久性を証明するのは、相当の時間が必要です。やがて、6か月耐久試験が終わり、試験片の顕微鏡写真を見ました。心配した以上に、既に明らかな蟻の巣状の腐食痕があります。直ぐ、マシナリーと共に対策案を検討しました。マシナリーから昔一緒にやっ

ていた技術者が来ました。なぜこんな危ない対策を考えた
のかと聞くと、上から「対策は、出来るだけ今までやって
きたものから変更の無い方法でなければならない」と言わ
れ、反対出来なかったとのことです。そして、この対策に
動燃からの移籍者を含め、日本原燃、電力の誰も反対しな
かったそうです。動燃の先輩諸氏は、技術的には何の役に
もたってなく、技術力が無いことが改めて思い知らされま
した。勿論、私はこの開発に今迄全く関係が無かったので
すが、失敗の説明は、私がするということになりました。
新対策として先ず考えられるのは、前に使っていた高張力
鋼に戻すことです。この場合、過去の実績から10年程度
の寿命は期待できます。しかし、ウレンコの情報によれば、
ウレンコの遠心機の寿命は15年以上で、日本の遠心機よ
りはるかに長く、ガス拡散法をやっていた経験もあり、酸
化被膜の性状が違うと思われます。今から、酸化被膜の改
良をやるのは相当の時間が必要です。そこで、もう一つの
より有望な案を検討しました。これは、今使っている高強
度金属端板をウランガスが接触しないよう複合材でシール
ドするというハイブリッド端板案です。私は、電力に6か
月耐久試験の結果と共にこの案を説明しました。説明した
時、電力のある担当者は「甲斐さん、又大変ですね」と
言って、むしろ同情してくれました。しかし、しばらくし

て電力は全く変わってしまいました。「もう我々は完全に見方を変えた。マシナリーを解体し、高度化機の開発を止める。日本原燃内にウラン濃縮技術開発センターを設立し、サイクル機構から技術者を呼んで、サイクル機構が開発している先導機を新型機として開発する」と言い渡されました。下端板の応力腐食の問題だけで、マシナリーが無くなるのです。今迄の通例からすると、メーカー3社が反対すれば、このような大幅変更はそう簡単には決まらなかったのでしょうが、この頃には、電力とメーカーの間が疎遠になっており、また、遠心分離機では利益が少ないこともあって、メーカーも強くは反対しなかったようです。電力とメーカーの間が疎遠になった理由を聞きますと、電力は国の電力自由化の政策を受けて、電気代を下げなければならないのにメーカーの見積もりが高いという不満を持っていました。特に、三菱重工が関西電力から三菱重工に発注された原子力関連機器と同一の機器をアメリカには関西電力が買った額のほぼ半額で売ったとして、前の新素材高性能機の値引き要求拒否の件もあり、関西電力と三菱重工の仲が極端に冷え込んでいたそうです。

　サイクル機構からY氏が開発センター長代理として12名の技術者を連れて、乗り込んで来ました。Y氏は私と同年齢で、動燃時代は、遠心分離機のR&Dではほとんど目

立たない存在でしたが、原型プラントの建設時に品質保証を担当し、原型プラント運転の責任者だった方です。このメンバーを見ると、先導機の設計を行ったT氏が来なかったのが不思議でした。T氏がほとんど一人で先導機の設計をやっており、このメンバーではろくに設計もやれないでしょう。彼等どうしの仲が良いとは思えません。人数的にも少なく、技術開発力があまりにもお粗末です。開発センターには、マシナリーからも技術者を呼ぶということなので、O濃縮部長に、マシナリーで私が特に優秀だと思っていた技術者数人の名簿を渡し、是非彼等をセンターに集めてくれと頼みました。ところが、開発センターの人事権はO部長に無く、Y氏が持っていました。そこで、これ等マシナリーの技術者に「Y氏に直接会って、腹を割って将来を話し合ってくれ」と言いました。彼等はY氏と会って帰ってくると、「Y氏は我々を使う気が全く無い。出身メーカーへ帰る」と言いました。私は何とかしなければならないと思い、東芝に行ってKI氏に会い、「サイクル機構から日本原燃に来た連中は技術力が弱い。今は苦しくても必ず出番があるから、優秀な彼等に日本原燃に来て貰うように出来ないか」と言いました。するとKI氏は「数日前にY氏が来て、名指しでこの連中だけはダメだと言って帰った。可哀想で出せませんよ」と言いました。Y

氏が不思議なのは、普通であれば、自分が良い地位を得たのなら技術的に優秀な人材を集めて仕事を成功させようとするのでしょうが、この方は技術的に優秀な人を排除して、技術的にも自分の好きなようにしたいと思っているようです。結局、マシナリーからの参加者は14人で、私が推薦した人は誰も来ません。マシナリー解体前に約240人いたのが、人数的にも極端に大幅な戦力ダウンとなりました。Y氏の説明では、「開発センターの要員は35名で良い。遠心分離機の製造は町工場でも出来る」とのことでした。また、「開発費はマシナリーが使っている額の1/10で良い」とも言っています。この説明は、電力がマシナリー解体を決断する大きな要因となり、濃縮は易しい技術で簡単に出来るというイメージを電力そして日本中に与えました。

　先導機の開発が始まり、私も初めの頃は先導機のデータを見ることができました。先導機は高度化機に比べ大幅に細長くなっていて、量産した場合273万円で出来るそうです。しかし、現状を見ると多くの問題点を持っていました。構造上最大の問題点は、回転胴に接手方式と呼ばれる構造を採用していることです。前述のようにスーパークリティカルにするために、金属胴と高性能機ではベロー、高度化機ではベローの代わりに複合材の層構成を変えた一体成型胴を採用していましたが、先導機では、接手部を6個の複

合材の部品から成る構造として、この接手部が超えるべき危険速度の数だけ有りますから、極めて部品数が多くなります。接手部が少し曲がるだけで、回転胴は全体では大きく曲がるため、極めて高精度の部品を製造し、高精度で組み立てなければなりません。また、樹脂で接着するため、どうしても樹脂のクリープ変形が起きます。変形が大きくなると回転バランスが崩れ回せなくなるので、回転数を少し上げて長時間保持しクリープ変形を出させてから停止し、バランスを取り直してからまた回転数を上げる、この繰り返しにより定格回転数まで持っていくそうです。このため、回転胴を成型するのと回転バランスを取るのに、今迄の常識外の時間がかかっていました。Y氏に付いて日本原燃に来たA氏と私（K）との会話です。

K：「あなた等が推奨する先導機は、回転胴を成型するのに2か月かかり、回転バランスを取るのにも2か月かかっている。今の遠心機は、回転胴を成型するのに1日、バランスを取るのに1〜2日で出来る。こんな先導機で経済性が出る訳がないじゃないか」

A：「甲斐さんね。日本で遠心法をやって、経済性が出る訳がないじゃないですか」

K：「そんなことを言っていいのか。あなた方は経済性が

出る、出ると説明しているではないか。出なかったら酷い目に遭うよ」

A：「そんなことはありません。確かに電力が遠心法を止めると言ったら、我々は酷い目に遭うでしょう。しかし、電力は遠心法を引き受けてしまい、3点セット（再処理、濃縮、廃棄物処理の3点をセットで六ヶ所村に立地するという地元との約束）とかもあって止められません。そうすると、もうマシナリーは無いのです。電力は我々に頼むしかないのです。我々は失敗しても、失敗したと言わなければ良いのです。ああすれば良い、こうすれば良いと提案していれば良いのです。甲斐さんも、我々がこうすれば良いと言ったら、声を揃えて『そうだ、そうだ』と言って頂けませんか」

　A氏は、化学法による窒素同位体分離の解析をやっていた頃は技術者だと思っていたのですが、すっかり変わって、狡猾な政治家になってしまっています。競争相手を追い出してしまったので、後はこの「食い扶持」を楽しく利用していけば良いということです。また、彼等の一人YO氏との会話です。

K：「先導機は極めて複雑な構造で、経済性が悪く、技術

的にも問題が多い。見直す気は無いのか？」

YO：「甲斐さんは動燃の先輩のくせに我々の足を引っ張るのか」

　彼等が、サイクル機構の中で苦しい立場にいたことは分かります。他部門や上層部から「止めろ、止めろ」と言われ、生き残りの場を求めて苦労しました。そして、マシナリーを追い落とすことに全力を傾け、やっと成功したのですから、見直すなどとはとんでもないことなのでしょう。プロジェクトを成功させるためにはどうすれば良いかなどと考える訳がありません。また、サイクル機構から来た若い技術者N氏との会話です。

N：「遠心分離機を作るのに、マシナリーが使っていた部品メーカーに発注すると高くて困る」

K：「サイクル機構で経済性を評価した時の部品メーカーに発注すれば良いのではないか？」

N：「あれは目標の濃縮価格を決め、そこから遠心分離機の価格を決めて、部品の価格は適当に割り振っただけで、実際に見積もりを取った訳ではない」

K：「こんなやり方だと、実際のプラントは滅茶苦茶高い物にならないか」

N：「プラントを作る前に量産技術開発をやるから大丈夫
です」

　実際には、先導機が273万円で出来るという説明には何
の根拠も無いことが分かりました。これ等問題点を濃縮部
内でO部長や東電出身者に説明しました。更に、SA日本
原燃社長にも話しました。社長は「私は事務屋で技術的な
ことはよく理解できないので、M企画部長に話してお
け」と言われ、M企画部長にも説明しました。また、動
燃出身の常務取締役で、開発センター長に任命されたTN
氏にも状況を説明しました。彼は最初のうちは「成る程」
と言いながら、聞いていました。しかし、東電に行ってく
ると急に、「私とY氏は一体だ」と言い、私の説明を全く
受け付けなくなりました。私は、サイクル機構案に対抗す
るため、開発センターで進める新型機の候補として日本原
燃案を作りました。前に電力に説明したハイブリッド端板
案を更に詳細に検討改良したものです。マシナリーも基礎
試験を行い、このハイブリッド端板案が技術的に成立する
ことを実証していました。しかし、決定権は全てY氏に
与えられていました。Y氏はあくまで先導機タイプでやる
と主張するので、バックアップ機として、ある程度でもや
らないかと言いましたが、先導機タイプと比較評価できる

ような案では無く、人員予算にもそんなのをやる余力は無いと言って否定されました。そして、マシナリーの1,050トンの商業プラントの金属胴遠心分離機を作った製造装置やR&Dのための遠心分離機製造装置を破壊してしまいました。自分と違った意見は取り入れないだけでなく、将来とも出来ないようにする行為です。

　この頃、M企画部長が東電に出向解除で帰りました。帰る時に、「今後、Y氏の意に沿わない者は濃縮では生きていけないだろう」と言いました。また、O部長も退任し、孤立感が深まりました。SA社長が「あなたも外にいて批判しているのではなく、中に入って開発を進めた方が良いのではないか」と言って、開発センター所属の辞令を貰い、六ヶ所村に行きました。Yセンター長代理に基本仕様の変更は言っても無駄なだけなので、「分離効率改善と下部軸耐力向上の試験をやりたい」と申し出たところ、「酸化被膜生成メカニズムの理論解析をやれ」と言われ、実験に参加できないのは勿論、実験データにもアクセスできません。居室も開発センターの居室から離れており、開発センターで開発試験をやっている連中とは隔絶されていました。酸化被膜生成メカニズムの理論解析は、実機の開発とは程遠いのですが、それなりに興味があったので、この研究をやっている東京工業大学の丸山教授の所へ行き、この研究

210

の現状を教えて頂き、理論解析を始めました。

　2003年になると、開発センターで遠心機の回転試験、分離試験が始まりました。ある時、分離試験の最中遠心機が破損しました。破損原因の説明会があり、電力からも多くの参加者が来て、私も参加することが出来ました。Yセンター長代理は「スクープ室にヒートシンクがあり、そこでウランガスが冷やされて固化し、その重みで回転胴が壊れた」と説明しました。よくこの様なデタラメをまことしやかに言えるものだと感心しました。ヒートシンクとは熱吸収を意味します。スクープ室にヒートシンクなどありません。スクープは静止棒で高速回転するガスが当たっているため、風損で発熱していて、むしろヒートソースになっており、スクープ室は高温になっています。このことは、分離試験をやっている者なら誰でも知っている筈です。ところが、分離試験を知らない多くの参加者は、ヒートシンク等という専門用語を知っているY氏は偉い人だと思って、むしろ感心して聞いています。この説明の時に指摘するのは悪いと思って、説明会が終わってから日本原燃の若手の技術者にこのことを説明すると、「センター長代理がこうだと言っているのだからこうです」と言って、睨みつけられました。この会社の技術者は物理現象に対する考察でも、上司の言うとおりとしか思わないのです。これでま

ともな技術開発ができる訳がありません。

　酸化被膜形成の解析計算は難航しました。純金属が酸素ガスに晒された場合、反応して酸化被膜ができます。酸化被膜中を陽イオンと陰イオン、電子とホールが拡散していく速度と量を、拡散方程式を解いて定量的に求めようとしました。私の理論解析のやり方は、先ず、既に分かっている関連現象を全て並べてみます。そして、こういう事が言えるのではないかと思うことを仮定して、分かっていることから筋道を立てて仮定に向かって思考を進めていきます。上手く仮定した所迄たどり着けば、この仮定は正しかったとして思考を進めた筋道を正しいとします。たどり着かなければ、仮定を変えて、また、分かっていることから筋道を立てて仮定に向かって思考を進めていきます。これの繰り返しで、仮定した所へたどり着くまで思考を進めます。しかし、歳をとると何をどう考えたのかを忘れてしまいます。「下手の考え休むに似たり」で、時間だけ経って、成果が得られません。しかし今回は、頑張っているうちに辛うじて何とか成果を得ることが出来ました。論文として纏めて、アメリカオークリッジ研究所で行われた2003年の第8回液体気体中の分離現象ワークショップで発表しました[36]。オークリッジ研究所はマンハッタン計画時からのアメリカ原子力開発のメッカです。この頃、フランスは

URENCOの遠心分離技術を導入してアメリカ進出を目論んでおり、又、アメリカは遠心法の開発を再開し、エネルギー省（DOE）から引き継いだ民間ウラン濃縮事業会社USECが超高性能のジャンボ機を開発しており、世界的に遠心法推進の機運が高まっていました。このワークショップの時、アメリカは最初、ポーツマスの遠心分離機濃縮工場を見せると言っていました。しかし、2001年秋に起きたニューヨークテロ事件を受けてDOEが情報管理を厳しくしていったため、工場見学は無く、米国の発表は漠とした内容に留まりました。

　開発センターの先導機の試験データを直接見ることは出来ませんでしたが、開発センターにマシナリーから来た2名の方が時々状況を教えてくれました。ある時、「ウランガスを流して分離実験をやっていると、遠心分離機の下部軸温度が上昇する」という話を聞きました。前に述べたように、上下抜き出しでは下部軸周りのガス圧が高くなりますので、このガスが下部軸や軸受、オイル等と反応して、下部軸温度が上昇する可能性があります。圧力の程度は分かりませんが、昔、標準機やカスケード試験装置に採用した端板からウランガスを抜き出す方法で起きた現象と似ています（P96参照）。このことを東電出身者に話しますと、しばらくして、東電から数名が開発センターに行って、

「データを見せろ」と言って下部軸温度が上昇していることを確認して帰ったそうです。どうなるのかと思っていたところ、マシナリーから来た2名がTNセンター長に「お前等が甲斐に言って、甲斐が東電に言って、こうなった。今度やったら首だぞ」と言われたとのことです。このことをSA社長に伝えました。これに対し、社長は「もうマシナリーから来た連中を巻き込むな。彼等には生活が掛かっている」と言われました。私は「これで万事休す」と思いました。2名の方にも「もう会うのを止めよう」と言い、以後一切試験状況が分からなくなりました。

　この時までに分かっていた技術的問題点について最後に纏めますと、クリープ特性に関しては、クリープ変形によりアンバランスが生じ、寿命は概略数年と評価され、この解決策として高精度組み立てを試みていました。最初は、接手方式で組み立てる時、2本の回転胴を繋いで曲がっている方向と逆方向に3本目を繋ぎ、これを繰り返すことにより、回転胴全体の鉛直度を上げようとしていました。ところが、これでは共振点を超える時、共振して振動が大きくなるので、全体の曲がりを弓なりにするよう製作方法を変更していました。当然この方法では、製作精度を更に上げることになり、経済性が更に低下します。抜本的対策としては、一体成型を採用する事です。もう一つの対策とし

て、アンバランスによる振動を抑えるため下部軸受の耐力を向上させることが考えられます。ウレンコの遠心分離機の寿命が日本のよりはるかに長い理由の1つに考えられるのは、下部軸受の耐力が大きいのではないかと思います。図3のZippeの遠心分離機の下部軸の機構を見ても、日本の遠心分離機より水平方向にフレキシブルで、耐力が高いと思います。開発センターに来た時、下部軸耐力向上の試験をやらせてくれと言いましたが、全く聞いて貰えませんでした。分離性能に関しては、分離試験で得られる分離効率が低く、最初先導機が掲げていた数値を2割減じた目標に変更しましたが、それも達成出来ていませんでした。Y氏は「想定の範囲内だ」と言っていましたが、2割以上も想定から下がるのは大誤算です。回転胴の温度分布が悪いからだと考えられます。Cセットは2重ケーシングになっていて断熱が良いため、外気の影響を受け難く、温度分布を適切に保っています。先導機のように細長い遠心分離機で、1重ケーシングで上下のフランジ蓋にしか冷却水が通ってなければ、外気の温度の影響を受け易くなります。濃縮プラントの遠心分離機を設置するカスケード室は、第2種管理区域で空調がありませんので、外気の温度が更に大きく影響します。この影響を逃れる1つの方法は、冷却水配管を遠心分離機のケーシングに巻けば良いのです（図

14参照）。私の分離効率改善をやらせてくれと言う頼みも一切聞く気がありませんでした。また、安全工学試験に関しても、Cセットを止めたため、細長いケーシングが自立型となって振動し易くなり、耐震試験で目標を達成せず、今後改良が必要です。下部軸受温度上昇対策として、軸球への表面皮膜処理を行うとのことですが、被膜は低速時の回転接触により剥げる可能性があり、また、寸法精度が下がって軸受の浮上性能に悪影響を与える可能性もあり、実効性が証明されていません。上抜き出しとし、図21のスクープ管の設定方法に示した対策を採るのが最も確実です。技術開発上の判断は、数名のサイクル機構出身者のみによってなされて、Y氏が最終判断しており、名ばかりのオールジャパン体制になっています。また、サイクル機構出身者の技術レベルが低いため、大幅に技術力が低下しています。開発センターが出来てもう3年半が経っていましたが、私が知る限りの開発状況において、指摘した問題点はこの様にほとんど解決されていませんでした。

　この頃TNセンター長から「お前はこの会社には合わない。けじめをつける」と言われました。この話をSA社長にすると、数日後にセンター長から、「私はあなたの生活のことを考えてなかった。あの話は取り消す」と言われ、しばらくは首が繋がりました。しかし、間もなくSA社長

が退任し、相談役となりました。後任の社長は現在の遠心分離機の開発計画を進める事に熱心で、先導機によるカスケード試験装置の建設計画を進め始めました。また、TN氏も退任し、後任にサイクル機構からYA氏が来て、取締でセンター長に就任しました。彼は濃縮出身者ではなく、濃縮については何も知りませんでした。そして、社長の意に沿うべく遠心分離機の開発計画を進めました。私には「体制、仕様の変更は不可能」と言い、そして、62歳になった6月の誕生日に「今年の12月で辞めてもらう」と言い渡しました。62歳で年金が貰えるようになりますので、路頭に迷うことはないという配慮はありました。その後も、東電から来たAK部長などは「日本原燃が首でも電力中研がある。異なる意見も大事にすべき」と言っていました。この様に、日本原燃や東電の一部関係者には私が電力共研をやっていた頃を知っている人もいて、私の言うことがそれなりに支持して貰えました。しかし、サイクル機構出身の取締は、濃縮技術について何も知らず、知る気も無く、私を辞めさせるのに全力を傾けました。東電内部では色々な議論が有ったのでしょうが、最終的な会社の方針決定に際しては、やはり東電の上意下達は強く、東電本社のE副社長の意思通りになったと思います。この方は、国及びサイクル機構と出来るだけ協力してやるという方針を決め、

サイクル機構が代表として送ってきたY氏に開発の全て
を任せると決め、また、今迄の遠心分離機開発を遂行した
のはY氏だと思い、Y氏を信用しきっていました。そして
「個々には優秀でもベクトルがバラバラでは駄目だ」と
言って異なる意見を持つ者を排除し、技術の実態を見る気
がありませんでした。この方が前のTO副社長の様に技術
に造詣が深く、自分で技術の中身を知ろうという気があれ
ば、事態は随分変わっていたでしょう。また、この様に
なったのは、IW動燃理事長が私利私欲で自分のポストを
要求したのを電力が断ったため、濃縮虐めをやり、これに
乗って成功した者に対しねたみと反感を募らせたTU施設
計画部長やKM核燃料開発部長が私の濃縮関与を完全に封
じて生じた担当役時代の約6年間の空白も大きく影響した
と言えます。この様にして、私のウレンコの100KGSWU／
Y遠心分離機追撃の夢は完全に消え去りました。

　この頃、私の最後の仕事がIAEA（国際原子力機関）か
ら来ました。イランは、平和利用に限って遠心分離機の開
発を進め、ウラン濃縮施設の運転をすることになっており、
IAEAによる査察が行われていたのですが、濃縮工場の建
屋の排気設備から濃縮度80％のウランの埃が検出された
そうです。核兵器用には、90％以上の濃縮ウランを作る必
要がありますが、平和利用であれば5％以下の筈です。イ

ランに説明を求めたところ、配管の材料の一部がパキスタンからの輸入品で、そこに付いていた高濃縮ウランが検出されたとのことでした。そこで、各国からカスケード解析研究者を集めて、イランの濃縮設備容量からイラン自身で作った可能性がどの程度あるかを検討して貰うということでした。ウイーンのIAEA本部に各国から十数名が集まって、この状況説明を受けました。私は、イランの説明が正しいか否かを判断するためには、カスケード解析といった間接的な手法でなく、直接イランの濃縮工場の配管を切り取ってきて、配管断面の付着物を配管に垂直にスキャンして濃縮度を測定し、配管に近い所の付着物の濃縮度が80％で、遠い所が5％以下であれば、イランの説明は正しいので、この方法でもやるべきだと提案しました。しかし、その場では、特に賛成意見はありませんでした。帰国してから、IAEAからメールが来て、「この方法は非破壊検査ではないので、IAEAは出来ない」とのことです。私は「何だ、こんなこともやらないのか」と思って、がっかりしていました。ところが、2回目の招集があった時、各国は「なぜ、甲斐の方法でやらないのか？」と言って、IAEA事務局を非難しました。そして、「IAEAは、イランから配管のサンプルを採ってくる。日本とフランスが濃縮度の分析を行う」と言う事が決まりました。日本の役割

に関しては、原研から来たもう1人の出席者がこの分析を買って出て、この結果となりました。1回目の会合では、出席者は皆カスケードの解析屋なので、私の提案した方法では自分のやることが無いと思い、特に賛成はしなかったのですが、自国へ帰って報告すると、「私が提案した方法が良いのは当たり前じゃないか」と言われ、態度を変えたのだと思います。甲斐の方法と呼んで貰いました。日本では、やった人の名前をあまり名付けしないのですが、外国では、実際にやった人の名前を直ぐ明確にします。会議が終了した後、日本大使館からお誘いがあり、原研から来た出席者と共に、大使とホイリゲ（ウイーン郊外の有名な酒場）で夕食をご馳走になりました。大使から「ご活躍だそうですね」とねぎらいの言葉をかけて頂きました。原研から来た出席者に「こんな事があるの？」と聞くと「自分は何回も来たが、こんなことは一度も無かった」と言っていました。たったこれだけの事でも、褒められる時は褒められるものです。原燃を退職したため、その後の経過は分かりませんが、ウイーンには輸送の検討会と合わせて計3回出張しました。

20．日本原燃退職

　退職の少し前、高速回転流体のワークショップで知己になったヴァージニア大学のWood教授が東京に来ました。東工大の三神教授を交えて3人で会い、昔話に花が咲きました。Wood教授は私に「日本に職が無いなら、ヴァージニア大学に来ないか」と言って、誘ってくれました。私もこんな日本にいるよりアメリカへ行った方がよほど良いと思い、「是非行きたい」と答えました。三神先生からも「お前はいいなあ」と言って羨ましがられました。

　退職の数日前に川柳をよみ、親しくしてくれた人にメールで送りました。

窓際も懐かしきかなあと3日

　そして退職の時が来ました。技術計算に使っていたパソコンを返却し、原子力学会から脱会しました。皆様の前での退職の挨拶として、「私は辞令1本書けば出てゆく。しかし、自然の神様は辞令を書いても出て行かない。あなた方はヴァーチャルリアリティの世界に住んでいる。今後、ジェニュインリアリティの世界にするよう頑張ってください」と言いました。SA相談役を訪れて、最後の挨拶をしました。「飯でも食おう」と言われ、中華屋に昼食に行きました。座っていると、相談役が立って行きました。ふと見ると、相談役が自分でコップ2つにサーバーから水を入れていました。最後に「もう組織人として会うことは無い

だろう。しかし、あなたの事は深く心に刻んでおく」と言われました。

　退職して直ぐヴァージニア大学に行く準備をしました。私は英語のヒアリング力が弱いこともあり、相手の言うことを聞いて助言するのではなく、発信する方でなければならないと思いました。講義用に今迄の私の理論解析研究を全て纏めて講義ノートを作ろうと思い、3か月程かけてこれを完成し、Wood教授に送りました。これは、日本語で原子力学会に出した論文や名古屋大学に出した学位論文を英語に訳し、他の英語の論文と共に統一的に書き直し、編纂したものです。これさえ読めば、遠心分離とそのカスケードの理論解析は全て理解できると思っています。昔、マンハッタン計画時代に書かれたCohenの分離の基礎理論に比較すれば、理論解析の面でも如何に進歩したかが分かって頂けると思います。その後、ヴァージニア大学に行く話は進まなかったのですが、講義ノートについてWood教授は、「これは素晴らしいから、本にしないか。するのなら、私が出版社に掛け合ってみる」とのことでした。しかし、3か月程経ってもこの話は実現しませんでした。やはり、これは読める人があまりに少なくて、本として出版出来なかったのでしょう。私は、この講義ノートだけは世に送り出したいと思いました。この年の秋に北京の清華大

学で第9回液体及び気体の分離現象に関するワークショップが開かれることになっていたので、議長のシャイ・ツアン教授に「私は出席出来ないけれど、論文を参加させたい」と言ってこの講義ノートの原稿を送りました。154Pに及ぶ大論文です。通常の投稿基準では10P以下ぐらいが普通ですから、全編掲載はかなり無理とも思いましたが、全く削除無しで、このワークショップのプロシーディング[37]に載せて頂きました。

　次の年になり、Wood教授から紹介のメールが来た後、ローレンスリバモア研究所からメールが来、「アメリカで、もう一度遠心法の開発を大大的にやり直すこととなり、今までオークリッジ研究所のみでやっていた開発のうち、理論解析をリバモア研究所の数値解析研究所でやることとなった。我々は、今迄に出ている論文を全て調べたが、やはり貴方のやり方が最も良いと思った。是非、講演に来てくれないか」という誘いでした。ローレンスリバモア研究所はアメリカ最大の軍事研究所で、約8,000人のドクターを抱えているそうです。行ってみると、送迎、食事、土、日のカリフォルニア州立公園、サンフランシスコ市内観光等丁重なおもてなしを受けました。10日間滞在して、数値解析の手法について説明し、私の理論的知見を教えました。特に、「より非線形性の強い式をもっと安定して解く

方法はないか？」と聞かれ、「流れ関数を使えば、複雑にはなるが、安定化するかもしれない。トライする価値はある」と答えました。講演は1日でしたが、この日には、Wood教授と共にオークリッジ研究所からも遠心分離機の開発をやっている7、8名の技術者が来てくれ、苦労話だけでなく、遠心分離機の構造についても話が及びました。アメリカでは、遠心分離機構造に関する情報は軍事機密になっており、普通構造の話は聞けないのですが、この時は別でした。回転胴の寸法、周速、分離パワー、下部軸の構造、製造コスト等にまで話が及びました。「次回は、ワシントンで会おう」ということでしたので、アメリカで働けるという確信を持って、サンフランシスコを飛び立ちました。しかし、やがてWood教授から「我々には、もう会えるチャンスが無い」と言うメールが来ました。私は「米国籍の無い者が米国の遠心機開発に参加するのが如何に難しいかが分かっている」と返事しました。ローレンスリバモア研究所からはその後一切何の連絡もありませんでした。

　その後、このタイミングを見計らったように、中国から「会いたい」というメールが来ました。「来ないか」という誘いではありませんでしたが、会った時、「来ないか」と誘われれば、断るのがますますつらくなります。日本からドブに捨てられた私の技術を何に使おうと勝手ではないか

という気持ちは強く、中国の工業力と私の知識を結び付ければ、日本やアメリカより、はるかに経済性のある遠心分離機を作って見せられるという自信もありました。しかし、やると思ったらとことんやるのが好きな私が、中国に行って、恐らく原爆製造を主導する立場になるのはやはり倫理感に欠けると思い、中国に対しては、「私の公開論文があなた方のウラン濃縮技術開発に役立つことを願っています」と書いたメールを送りました。そして、私自身に対し、「お前は全て終わった」と何度も言い聞かせました。

21. その後のウラン濃縮と課題

　今、六ヶ所村の濃縮プラントの実際の状況は知る由もありませんが、公表されている日本原燃のホームページによると、原型プラントと同一仕様の遠心分離機は1,050トンSWU/Yの規模まで増設されて、商業プラントとして稼働し、日本の原子力発電が全発電量の約3割を占めていた時代に濃縮需要の30％程度を賄っていましたが、想定通り10年少々の寿命で運転を終えています。その後は、先導機タイプの遠心分離機が約5年のカスケード試験を終えた後、2012年に37.5トン、2013年に37.5トンと合計75トンSWU/Yの規模で設置され、稼働していました。この規模は、原型プラントと同一仕様遠心分離機の商業プラントの僅か14分の1、原型プラント200トンSWU/Yに比べても37.5％にしかなりません。この容量では経済性が出るべくもなく、商業プラントとは言うもおこがましい規模です。遠心分離機の製造コストがあまりに高く、これだけの量しか作れなかったとしか思えません。そして、運転開始から夫々4年と5年経った2017年9月に、早くも運転を停止しています。公式には一時停止と称していますが、それから既に6年半以上経過した今も停止したままの様です。これだけ長い期間動かなければ、技術力の維持も、材料、部品メーカーの存続も極めて困難でしょうから、動燃のプロジェクトの中で唯一成功した遠心法も、最早風前の灯では

ないでしょうか。現在どういう状況か中身は分かりません
が、この経過を見ると、私が日本原燃を退職する前に、製
造コストが滅茶苦茶高く、寿命数年と予則した通りになっ
たように思えます。先導機タイプの遠心機の開発は失敗
だったと言い切れるでしょう。私が日本原燃を辞めて18
年、動燃で担当役になって開発から外れてからであれば、
既に30年経過しています。私が遠心分離機の開発を担当
したのが25年間で、この間、分離効率2〜3%であったも
のを50%、寿命1週間であったものを10年、経済性は評
価の対象にもならなかったものを商業プラント建設可能な
ところまで持っていきました。その後の30年もの間、遠
心法開発従事者は何をしていたのでしょうか？　私には、
技術力がまるで弱く、責任感も無い方がただの食い扶持に
していたとしか思えません。国は遠心法開発に2千億円以
上を費やして、税金でこれを賄っています。そして、電力
もこれに相当する額を費やしているはずで、これを電気代
で賄っています。日本原燃は、先ず、この濃縮工場の建設
費、運転費そして事務経費を含めた総コストを原型プラン
トタイプと先導機タイプに分けて公表すべきです。また、
生産した濃縮ウラン量（SWU）と、SWU当たりのコスト
を海外市場価格と比較し、明示すべきです。そして、
SWU当たりのコストが海外市場価格より大幅に高いので

あれば、なぜその様な結果になったのか、原因を明確にし、責任を明らかにすべきです。先導機タイプの遠心分離機の技術的問題点は、私が日本原燃を退職する前にさんざん指摘して、この文にも述べています。そして、もし今後もウラン濃縮を必要とするのであれば、開発要員、体制を抜本的に見直して、遠心分離機の仕様を見直し、もう一度メーカーの製造技術を取り込んで、R&Dからやり直す必要があります。この時、その人的資源、開発費の確保に見通しが立たないのであれば、自力開発はきっぱりと諦めるべきです。今後日本で原子炉がどれだけ稼働するのかによりますが、どうしても自国でウラン濃縮が必要と言うのであれば、ウレンコに工場建設を依頼するしかありません。濃縮を止めずに継続する理由が地元との約束と言うのであれば、今後もただひたすらに赤字を垂れ流すのではなく、実情を地元に説明して、一時金を払ってでも濃縮中止の了解を取り付けるべきです。また、この技術が将来の核武装に必要だと言うのであれば、今の低レベルの技術力ではほとんど役に立ちませんから、軍事目的として、国民にそして国際的に核武装の合意を取り付け、国の政策として国家予算でやり直すべきです。

22. 日本の将来への提言

今再び、原子力の復権が始まろうとしています。電力が原子力をやりたいと言うのは当たり前です。自然エネルギーは、原子力に比べれば小規模で容易に手掛けることが出来、一般企業でもやれます。電力は効率の悪い組織になっており、自然エネルギーで一般企業と競っても経済性で勝るのは難しいでしょう。電力の仕事は発電と送配電で、仕事の半分の発電を失いたくないのです。経済産業省が令和5年7月26日に発表した「原子力政策に関する直近の動向と今後の取り組み」では、今までの原子力政策が大転換され、単に既設原子力発電所の再稼働や長期運転だけではなく、革新炉の開発・建設、安定的な核燃料サイクルに向けた取り組みが謳われています。そして、革新炉として、既存型で安全性の高い原子炉の新設、革新小型モジュール炉、高温ガス炉、高速炉、核融合炉の開発等盛沢山の内容が示されています。このうち高速炉と高温ガス炉の実証炉開発に3年間で夫々460億円、431億円の予算を計上し、30〜40年代に実証運転の開始を目指すとしています。しかし、僅か年間150億円程度の予算で本当に高速炉、高温ガス炉の開発がやれるでしょうか？　また現在、やる力、やる技術力があるのでしょうか？　今迄、1兆円以上の予算を投じ、半世紀を費やして失敗した高速炉の開発を再度やるのであれば、先ず、過去に項目別にいくら予算を使い、

具体的に何をやり、なぜ失敗したかを精査し明確にすべき
です。高温ガス炉も新しい概念ではなく、旧動燃で小規模
の研究炉を建設、運転していました。当時は、経済性が見
込めないとしてあまり注目されていなかったのが、急に脚
光を浴びるようになったのはなぜでしょうか？　今迄本命
と思っていた計画が上手くいかなかったので、この案が出
てきただけではないのですか？　今後これ等をやるために
は、今迄に多くのデータが有るのですから、具体的に何を
やり、いくら予算が必要で、なぜ成功すると思われるのか
を詳細に検討し、説明すべきです。予算や開発期間につい
て、最初は安く早く出来るように言っておいて、後で次第
に増やしていくといった今迄によく行われてきた無責任な
やり方を止めてください。これ等を議論している有識者会
議のメンバーも単に上手くいった場合のバラ色の夢を追う
だけではなく、過去の歴史を知り、現実に今何が分かって
いるか、今後具体的に何をやらなければならないか、それ
をやる能力、技術力があるかを吟味してください。予算を
取ってくることさえ出来れば、自分の責任を果たしたでは
なく、開発に失敗したら自分の責任だと思ってください。
もう原子炉を盛んに作っていた時代から既に30 ～ 40年も
経って、技術者の世代が変わっています。原子炉メーカー
にも昔の技術力が残っているとは思えません。

　今一つ注目すべき点は、高速炉実証炉、高温ガス炉実証炉の両方共三菱重工が開発を担う中核企業として選定されていることです。三菱重工は20年にわたり約1兆円と見られる資金を投じ、政府、国内航空機産業の期待を背負った国産ジェット旅客機の開発を断念しています。その三菱重工に本当にやる能力があるのでしょうか？　国の開発機関には、最早、開発能力が無いと見ているのでしょうが、1民間企業に原子炉、ロケット、ミサイルとこれだけ頼るのは異常で、弊害も出てくるでしょう。三菱重工がやると言うのであれば、民間メーカーですから、設計が終了した段階で、部品費、素材費、加工組立費、工事費等に分けて詳細な見積もりが出来るハズです。この見積もりを精査して、その時点で、経済性が有るか否かを判断してください。そして、経済性が有ると判断して建設を開始し、途中で物価が上がった場合、どの項目で何がいくら上がったのかを公表してください。検討漏れや、技術判断の誤り等の齟齬があれば、設計したメーカーに責任を取らせるようにしてください。

　原子力開発路線で、最初に述べたとおり、プルトニウムサイクルとワンスルーは大きく違います。繰り返しになりますが、プルトニウムサイクルの話はバラ色に見えます。高速増殖炉により、燃えないウラン238を燃えるプルトニ

ウムに変えれば、人類は100倍のエネルギーを得たことに
なる。プルトニウムはエネルギー資源の乏しい日本の糧食
になるという話を聞き、多くの人がこのバラ色の夢を追い
かけました。その結果、莫大な予算を費やしただけで、も
んじゅの廃炉、核爆弾数千発分に相当する量の残存プルト
ニウムの処理、使用済み核燃料の処理処分等困難な問題だ
けが残っています。今の政治家の皆様は、バラ色の夢を聞
くだけではなく、過去の歴史を学び、開発の具体案を知っ
て予算額を吟味し、本当に成功させられるかどうかを判断
してください。「R&Dなのだから、失敗するのは当たり前
だ」等と言って、ただひたすらに莫大な無駄を重ねた歴史
の教訓を反故にしないでください。

　前述のごとく、米国は、高速炉の開発を世界で最も早く
始めました。しかし、日本が高速炉の開発を本格的に始め
た1970年代の終わり頃には、もう高速炉は経済性が無い、
軽水炉の燃料となるウランは海水中に無限にあるとして、
開発を中止しています。ごく最近も、小型モジュール炉の
建設は経済性が見込めないとして建設中止を発表しました。
米国にはGAO（会計検査院）があり、R&Dに対し成果が
上がっているかどうかを評価します。日本の会計検査院は、
R&Dの予算に対しR&Dに使われているかどうかだけを判
断し、成果を問いません。このため、日本ではR&Dが上

手くいっていなくても、止めることなく延々と続けること
が出来ます。政治家が技術素人であれば、バラ色の夢だけ
語られては欠点を見つけるのが難しいでしょう。専門家が
チェックするGAOのような制度の導入が是非必要です。

　原子力発電は経済性があるという説明がよくなされてい
ますが、これには多くの疑問があります。経産省資源エネ
ルギー庁2021年発電コスト検証ワーキンググループの
2030年の発電コスト試算では、原子力11.7円／kwh～、
石炭13.6～22.4円、石油24.9～27.6円、LNG10.7～14.3円、
太陽光（事業用）8.2～11.8、太陽光（住宅）8.7～14.9円
となっています。勿論試算なので、どう仮定したかにより
ますが、経産省の見通しでも、太陽光が最も安いとなって
います。ここで、原子力だけ11.7円／kwh～と上限値が
書いてありませんが、これは、事故対応の費用は起こって
みないと分からないという事でしょう。建設費は120万
kwhの原子炉で4,800億円としています。私が若い頃、原
子力発電所の建設費は2～3千億円で、発電コストは11
～12円／kwhと言われていました。今は、建設費が1兆
円程度であまりに高いため、東芝がアメリカへ、日立がイ
ギリスへ、三菱重工がトルコへ夫々売り込みましたが失敗、
大きな損失を被っています。特に東芝は、損失が大きく経
営基盤を揺るがす迄となり、大事な半導体事業を外国に売

り渡し急場を凌ぎましたが、今なお混乱が続いています。原子力に傾注するあまり、他の重要な産業まで大きな損失を被っているのです。外国へ売り込む時は1兆円で、国内で作る時は半額以下で出来る理由が分かりません。更にここで、放射性廃棄物の処理処分の費用を見込んでいません。この問題は未だ解決の道筋も見えてなく、どうやっても膨大な負債を将来に残します。このコスト検証ワーキンググループの評価は、国が原子力復権を決めるためにクリティカルな役割を果たしました。前に述べた、動燃がマシナリー追い落としのために作った先導機の経済性評価のような単なる目的達成のための仮定なのか、具体的証拠に基づく評価なのかを明白に示してください。

　原子力発電コスト増大の大きな原因は、安全性向上だそうです。原子力規制庁は安全性を追求する時、経済性は考えないとしています。しかし、これは原子力政策を考える時には矛盾した話で、経済性を全く考慮しないで安全でありさえすれば良いと言うのであれば、原子力をやらないのが一番安全です。役所の規制担当者の多くは法律屋で、私が安全審査を受けた経験では、物理現象に対する考察能力が薄弱です。言葉の文（あや）で安全を評価し、要求を出してきます。従って、申請者側が本当に技術的に必要かどうか判断して、実際にやる方策を決め、言葉の文で規制担

当者を納得させなければなりません。勿論、技術的に見て本質的に危険であることは避けなければならず、技術判断の結果として経済性が無いのであれば、申請者側が建設を止めるしかありません。政府は、現在の日本の規制は世界で一番厳しい規制だと言っていますが、単に世界で一番守り難い規制になっているだけではありませんか？　本質的でなく、極めて些細なことを要求し、形だけは複雑かつ膨大で、やたら面倒臭い規制になっていませんか？　これで、無駄な仕事だけ増えて本質的な抜けがあって、事故でも起こしたら目も当てられません。

　本質的に抜けていると思われる例を述べます。福島原発事故の教訓から、現在、30km 以内を避難区域として、避難訓練が行われています。しかし福島の事故の時、東電首脳が菅首相の所へ行き、「人命尊重を優先して、原子炉冷却を諦め、逃げ出したい」と言いました。菅首相は、原子力委員会から「冷却を諦めた場合、事故の被害が拡大し、200km 以内は放射能汚染のため人が住めなくなる」と聞いていたので、東電本社に怒鳴り込み、冷却続行を要求しました。結局、冷却を続け、ぎりぎりの所で事態の安定化に成功したため、影響は30km 以内に留まったのですが、もう少し原子炉圧力容器の損傷が激しければ、冷却不能となったのですから、最大想定事故時の避難区域は200km

以内とすべきです。更に指摘するのであれば、緊張関係が高まる西側隣接3国は、極超音速ミサイルを持っています。自衛隊はこれを撃ち落とすのは不可能として、敵基地攻撃能力を持とうとはしていますが、ミサイル防御は諦めています。一方、原子炉の安全対策では、航空機墜落の場合しか想定していません。バンカーバスターミサイルで攻撃された場合、建屋、原子炉格納容器を突き抜けて、圧力容器に大きな損傷を与える可能性は十分あります。この最大想定事故は十分起こり得ると考えるべきです。稼働原子炉は、ひと頃話題になった汚い爆弾の貯蔵庫とも言え、ミサイル攻撃の最も効果的なターゲットです。爆破されて破壊した原子炉から飛び散る放射能は原爆よりはるかに多い量となりますから、原爆を落とされた場合よりはるかに後始末が困難で、何十年もの間200kmにも及ぶ広範囲な国土を人の住めない土地にします。もし、原電東海第2発電所を稼働するのであれば、200km以内の全関東を含む地域を避難区域とし、避難ルートと避難場所を設け、避難訓練を行い、GDPの半分を失う可能性があることを認識してください。

　福島の原発事故時の対応で、もう一つの指摘すべき点は、国の規制当局の規制官が事故の具体的対応を指導、助言する姿が全く見えなかったことです。日頃、うるさくああし

ろ、こうしろと言っていても、法律に書いてない物理現象が起これば、どうすれば良いのか分からないのでしょう。本質的な危険性がどの程度あるかを判断するためにも、規制庁も職員の半分ぐらいは物理現象の考察力のある理系にすべきでしょう。

　空気中の炭酸ガスが増え、地球温暖化の危険性が指摘されていますが、怖いのは温暖化より気候変動の激しさです。炭酸ガスは空気（酸素、窒素）より重いため、地表を覆い地表を温めますが、地表から上空に行くと、炭酸ガスが減り気温が急に下がります。この温度差が気候変動を激しくしています。地球には山が有り、気流の流れは複雑です。この気流の流れを解析するためには、遠心分離機の内部流れと同様に、流体方程式と連立して空気と炭酸ガスの拡散を律する拡散方程式を解くべきです。気候変動による自然災害が深刻化し、脱炭素が叫ばれる今、太陽光の優位性は益々強調されるべきです。太陽光は買取り制度を設けて一時急速に普及しました。町の電器屋さんは、こぞって太陽光パネルの販売をやっていました。ところが、買取り価格を急速に大幅に下げたため、一般家庭ではパネルを設置する人がほとんどいなくなり、電器屋さんもほとんど販売を止めてしまいました。現在、太陽光発電の買取り価格は、10年の買取り期間終了後は僅か8円／kwh程度です。炭

酸ガスを出す化石燃料の発電価格（石炭13.6〜22.4円、石油24.9〜27.6円、LNG10.7〜14.3円、）よりはるかに安い価格でしか買って貰えないということです。また、政府は、日本には太陽光パネルを設置する場所が少ない、自然環境を破壊する、不安定だ等と言っていますが、見渡せば分かるように、屋根に太陽光パネルが載っている家は未だ極めて少ないのです。一般家屋には、設置する場所はいくらでも残っています。太陽光の弱点は、発電が日照により不安定なことです。このため、蓄電池の開発が必要です。蓄電池は車載用にも必要なため、今、世界中で激しい開発競争が行われており、急速に進歩しています。自然エネルギー財団によれば、ドイツや米国カリフォルニア州では既に太陽光発電＋蓄電池の料金が家庭用電気料金より安くなっているそうです。10年程前、パナソニックは世界1効率の良いパネルを生産していたのですが、2年前に生産から撤退してしまっています。その他日本のパネルメーカーも、ほぼ製造を止め、今では中国メーカーの独壇場となっています。この日本メーカーの衰退も政府の自然エネルギー政策によるところ大です。今後、国、電力がやるべきことは、世界と競って積極的に蓄電設備を開発し、設置して電力の安定化に努めることです。政府は、口先では自然エネルギーを重視すると言っていますが、実際には、自然

エネルギーを潰し、原子力を推進しようとしているとしか思えません。世界の主要国のいくつかが脱炭素のため、原子力回帰の道を辿り始めていますが、上手くいくのか見極めるべきです。特に、福島事故を起こし、新型炉の開発に失敗し、技術力低下が著しい日本がこの様な政策を続けて行くと、将来は、自然エネルギー産業が育たず、原子力もなかなか進まず、高価な電力に一般家庭は苦しみ、多消費電力型の工場は海外に出て行き、脱化石燃料も遅れ、政府の借金だけ増えることになるのではないでしょうか。まして、原発事故でも起こせば、莫大な復旧費がかかり、国の負担は更に増大します。

　日本には、責任者の責任を問わないという風習があります。福島の事故では、後始末に国の推計で30兆円、民間の有力シンクタンクの推計で80兆円かかると言います。これだけの損害を出したにも拘わらず、政府には責任が無いとされました。箸の上げ下ろしにまで注文を付けると言われた昔の政府の安全行政はいったい何だったのでしょう。あれだけ細かく安全性に注文をつけた政府の人や組織に責任が無いとは信じ難い話です。また、司法判断では、事故を起こした東電でも、個人には責任が無いということになりそうです。運転する体制として、部長格の原子炉取扱主任技術者がいて、安全に関する責任を持っていたはずです。

一切何の責任も取らないで済む理由は何でしょうか？　裁判では、津波の脅威が認識出来たか、出来なかったかが論点になりましたが、その前に東電に事故対応体制と対応力があったか否か、国は何を規制し、何を許可したかを論点にすべきです。もし、私が現役だった頃の様に、事故時に直ちにメーカーが駆けつけていたのなら、事故はあの様に拡大しなかったはずです。口で「安全だ、安全だ」と言いながら安全装置の動かし方どころかその役割も知らず、原子炉の技術を知っている専門メーカーとの関係を断ち切って原子炉を運転していた電力の体制と技術力の無さそしてこれを放置していた国の責任を問題にすべきです。これでは、この事故の教訓は「事故は起きる可能性がある。起きても個人が責任を問われることは無い。事故処理費は税金と電気代値上げで賄う」になります。また、前に述べたように、原子力開発に関わる国のプロジェクトは何兆円もの国費を使ってほぼ全て失敗しています。そして、この責任も誰も取らされていません。R&Dだから失敗があるのは当たり前だという言い訳を是とするのであれば、今後も無責任が横行し、失敗しかしないということになるでしょう。今後はプロジェクトを遂行する人だけでなく、計画を立てる人、承認する人にも責任が有るということを明確にすべきです。

　こう言うと、お前は原子力をやっていたくせに反原子力かと言う人もいらっしゃるでしょうが、歴史は正確に評価し、反省すべき点は反省して、今後に進む必要があります。そこで更に言いたいのは、日本では、やらせる人は多いのですが、やる人、やれる人、そしてやる技術力のある人が少なく、又、軽んじられているのではないでしょうか？やらせた人は自分がやれと言ったから出来たとして、成果を自分がやったかのごとく言い、やらせた人がやったことになります。やった人はいくらやっても自分がやったと認めて貰えません。ワンチームとかフォーザチームと言って、目的達成のため皆でやることが良いこととされます。スポーツでは、大勢の観客や報道機関が見ていますから誰がやったかは明確ですが、大規模な技術開発の場合には実際に誰がやったかはなかなか世間に知られず、やった機関の名前や機器の名前、プロジェクトの名前だけが残ります。そして、誰がやったかと問えば、やった機関の部門の長の名前だけが出てきます。これでは、仕事をやって成果を上げるより、偉い人の所へゴマすりに行き、飲んで語って、自分を売り込み、競争相手の悪口を言ってこれを排除し、偉い人の意を汲み下へ指示命令することに一生懸命になるのは当たり前です。

　一般に、優秀な技術者は自分の意見を強く主張し、ゴマ

すりが下手です。日本では、博士課程進学者が2003年以降ほぼ減少を続けています。特に、将来科学者となる可能性の高い理工系の学生の博士課程進学者は15年前に比べ半分程になっています。この理由は、大学院博士課程を修了し、論文審査に合格して、晴れて博士になっても、研究者として働くことのできる職場が少なく、給料が低いどころか食べていくのも大変という人が多いからです。アメリカでは、私企業でも多くの博士を雇いますが、日本では私企業が博士をほとんど採用しません。博士は、既知の事実を記憶して試験に合格するのと違い、自分で考えて、今迄に分かっていない新しい事実を発見し、新しい物を発明した技術力の有る人ですから、外国では厚遇されますが、日本では、上司の言うことを聞かず使い難いと思われて冷遇されるのです。これ等博士や冷遇された優秀な技術者は中国や韓国等に行ってしまいます。私も遠心分離機が原爆に繋がる機微技術で無ければ、中国へ行っていました。中国や韓国が日本の技術を盗んでいると言う人もいますが、日本が技術を追い出している場合も多いのではないでしょうか？　勿論、やらす人の人を見る目も大事です。私が若い時やれたのは、中村氏がやらせたからです。「巧言令色鮮し仁」と言います。やらす人も大いに勉強して、物理現象に対する考察力を養い、ゴマすりに来る人を排除してくだ

さい。

　最近よく指摘されるようになりましたが、日本の技術力が低下しています。このことを示すデータがあります。文部科学省の科学技術・学術政策研究所が発表した「科学技術指標2023」によると、研究内容が注目されて数多く引用される論文のトップ10パーセント論文数で、日本は3,767本で、なんとイランの3,770本に抜かれて前回の12位から過去最低の13位に転落しています。因みに1位と2位は中国（54,405本）と米国（36,208本）で10位は韓国（4,100本）、11位はスペイン（3,987本）です。研究開発費や研究者数では日本はまだ3位ですが、21世紀に入って進歩する諸外国に対してじり貧、研究レベルでは最早3流、悲惨な状況となっています。今、日本でノーベル賞受賞者を輩出しているのは、20年以上前の業績が評価されているからです。昔、私が動燃に就職した頃は大学工学部で原子力工学科は最難関の学科でした。今の大学の原子力工学科の惨めな状況をご存じだと思います。この教育現場の状況を直視し、「これから人を育てます」等と悠長かつ無責任なことを言わないでください。20年前、日本のGNPは世界2位で、工業的に多くの分野で世界1でした。しかし、この僅か20年で、日本のお家芸の物作りがすっかり衰退してしまいました。家電は言うに及ばず、鉄鋼、造船も中

国、韓国に追い抜かれ、大きく水をあけられてしまいました。新型コロナワクチンの開発でもアメリカ勢に市場のほとんどを取られてしまいました。人工知能（AI）や再生可能エネルギー、電気自動車（EV）など、新しい成長産業と言われる分野でもことごとく諸外国の後塵を拝しています。衰退の典型的な例である産業のコメと言われる半導体では、30年前には世界シェア50％を占めていたのが、米国、台湾、韓国、中国に追い抜かれ、6％程度にまで凋落してしまいました。今年度は政府も危機感を持ち、経済安保の掛け声の下、国策半導体メーカーラピダスに1兆円規模を、そして台湾の半導体メーカー TSMC が作る熊本工場にも合計1兆円規模という莫大な額の支援をする計画です。しかし、エルピーダメモリーの破綻、ジャパンディスプレイの経営の行き詰まり等これまでの政策の失敗の教訓がどう生かされるのか分からず、この長年の技術力の喪失が目立つだけに急に莫大な金だけ出してもムダ金になる恐れが大です。

　この技術力の低下が日本全体の貧しさとなっています。国民の豊かさを示す最も代表的な数値が一人当たり GDP（国内総生産）です。30年前アメリカを抜いて、主要国で1位だった日本が2022年には31位、今や台湾、韓国にもほぼ並ばれています。経済成長率を上げるため、10年程

前から異次元の金融緩和とか、莫大な国債発行による市場への資金投入等経済学主導の政策が採られましたが、国の借金が急速に増えただけで、諸外国に比べれば国民は貧しくなるばかりでした。現政権もインフレと労働賃金の引き上げの好循環等といって経済政策を進めていますが、物価高と実質賃金の低下を招いているだけです。本当に必要なことは、労働生産性を上げることです。このためには、やらす人が減り、やる人がやる意欲を持ち、やる能力、やる技術力を身に付ける必要があります。正規、非正規といった身分の違いを作り、正規がやらす人、非正規がやる人といった風習が広がれば、全体の生産性はますます落ちます。また、非正規は賃金が安く、劣等感を持つということであれば、子供を作ろうとしないので、移民をほとんど入れない日本では人口がますます減ります。人にやらすのではなく、自分でやること、やるべきことをやれる能力・技術力を身に付けること、そして、特に若い方が科学技術に興味を持ち、技術力向上に邁進することを望みます。

あとがき

　以上、私が体験したウラン濃縮用遠心分離機開発の歴史を書いてきました。そしてそれと共に、原子力開発の歴史と問題点、更には日本の技術の現状に触れ、危機感を持つと共に将来への提言にも触れました。私の人生を振り返ってみますと、サラリーマンとしては失敗と言えるでしょう。しかし、技術者としての人生は他に例が無い程恵まれていたと言えます。ところが、技術者として生み出した濃縮技術の多くは伝承されず、六ヶ所村の濃縮工場は風前の灯です。私自身も、80歳を超えこの世から消えて行く寸前です。国費2千億円以上をかけた遠心分離機開発の歴史と教訓は、日本の財産とも言え、消えて無くなるのはあまりにも勿体無く、ここに手記として残します。ここで触れた問題点と技術の重要性を知って頂き、些かでも今後の日本の針路の参考になれば幸いです。

（2024.2.21 記）

参考文献

（1）

BEAMS,J.W et al. : Development in the Centrifuge Separation Project TID-5230（1951）

（2）

COHEN,K:The Theory of Isotope Separation as applied to the Large-scale Production of U235 McGraw Hill Publ. Co.（1952）

（3）

GROTH,W et al : Uber Das Trennpotential Thermisch Gesteuerter Gaszentrifugen Z.Physik,Chemie Neue Folge 19,1（1959）

（4）

ZIPPE,G. : The Development of Short Bowl Ultracentrifuges ORO 315（1960）

（5）

「理研におけるウラン分離の試み」『物理学会誌』第45巻11号（1990）

（6）

大山義年、他：理研報告40, p215 ～ p232 No. 4（1964）

（7）

高島洋一：核燃料サイクルの開発―後世の人々のために（1996）高島洋一先生の叙勲をお祝いする会（財）産業創造研究所気付

（8）

金川昭：「ガス遠心分離機による同位体分離に関する研究」（1964）東京工業大学学位論文

（9）

LOS,J.et al:On the Influence of Temperature Distributions inside a Gas-Centrifuge Proceedings of the International Symposium on Isotope Separation Amsterdam Chap.63（1957）

（10）

甲斐常逸：遠心分離機の基本特性（2）ウラン遠心分離における軽ガス添加の影響　日本原子力学会誌17【4】186（1975）

（11）

甲斐常逸：遠心分離機の基本特性（1）遠心分離機の濃度分布解析　日本原子力学会誌17【3】131（1975）

（12）

J.N.HODGSON：Designing a Molecular Pump as a Seal to Space ASME 65-GTP-15

（13）

甲斐常逸他：遠心分離機の標準化概念設計　動力炉核燃料開発事業団技術レポート SN841-72-40 (1972)

(14)

甲斐常逸：遠心法による低濃縮カスケードの基本特性（Ⅰ）日本原子力学会誌 17 【1】31 (1975)

(15)

甲斐常逸：遠心法による低濃縮カスケードの基本特性（Ⅱ）スケアードオフカスケードの最適化（動特性など）日本原子力学会誌 17 【5】240 (1975)

(16)

甲斐常逸他：カスケード試験装置概念設計書　動力炉核燃料開発事業団技術レポート EZN643-74-002 (1974)

(17)

甲斐常逸他：C-2遠心分離機基本計画書　動力炉核燃料開発事業団技術レポート EZN643-74-003 (1974)

(18)

KAI,T : Basic Characteristic of Centrifuges, (Ⅲ) Analysis of Fluid Flow in Centrifuges J.Nucl.Sci.Technol.,14 [4] 267 (1977)

(19)

KAI,T : Basic Characteristic of Centrifuges, (Ⅳ) Analysis of Separation Performance of Centrifuges J.Nucl.Sci.

Technol.,14 ［7］506（1977）

（20）

Zippe,G:Development and Status of Gas Centrifuge Technology Separation Phenomena in Liquids and Gases Seventh Workshop Proceedings（1998）

（21）

KAI,T：Analysis of Separation Performance of Gas Centrifuge Proceedings of the Fifth Workshop on Gases in Strong Rotation（1983）

（22）

甲斐常逸：ガス遠心分離機によるウラン濃縮の設計解析研究　名古屋大学学位論文（1977）

（23）

KAI,T Nakamura,Y:Numerical Analysis of Fluid Flow in Centrifuge Proceeding of the Second Workshop on Gases in Strong rotation（1979）

（24）

KAI,T:Analysis of Rarefied Gas Flow -Full Solutions for Burnett Equations J.Nucl.Sci.Technol.,17 ［2］129（1980）

（25）

KAI,T:Numerical Analysis of Binary Gas Mixture with Large Mass Difference in Rotating Cylinder J.Nucl. Sci.

Technol.,20 ［4］ 339 （1983）

　（26）

KAI,T:Theoretical Analysis of Ternary UF6 Gas Isotope Separation by Centrifuge J.Nucl.Sci.Technol.,20 ［6］ 491 （1983）

　（27）

動力炉・核燃料開発事業団：ウラン濃縮原型プラント核燃料物質の加工事業にする許可申請書 （1986）

　（28）

甲斐常逸、東内一明：福島原発―事故に学ぶ安全管理　安全スタッフNO.2189 （2013.7.1）

　（29）

TAKASHIMA,Y:Proceedings of the Sixth Workshop on Gases in Strong Rotation （1986）

　（30）

甲斐常逸：特許願P94059 （1994）

　（31）

甲斐常逸：特許願P94058 （1994）

　（32）

Aoki,E,KAI,T,Fujii,Y:Theoretical Analysis of Separating Nitrogen Isotopes by Ion-Exchange J.Nucl.Sci.Technol.,34 ［3］ 277 （1997）

（33）

KAI,T,et al.:Theoretical Analysis of Separating Nitrogen Isotopes by Ion-Exchange（II）J.Nucl.Sci.Technol.,36 [4] 371（1999）

（34）

KAI,T,Hasegawa,K:Numerical Calculation of Flow and Isotope Separation for SF6 Gas Centrifuge J.Nucl.Sci.Technol.,37 [2] 153（2000）

（35）

BORISEVICH,V:Numerical Simulation of Flow and Diffusion in a Gas Centrifuge:Brief History, Status, Perspectives Separation Phenomena in Liquids and Gases Sixth Workshop Proceedings（1998）

（36）

KAI,T:Numerical Analysis of Ion Diffusion Phenomena in Metal Oxides The 8th International Workshop on Separation phenomena in Liquids and Gases（2003）

（37）

KAI,T:Designing and Analysis Study of Uranium Enrichment with the Gas Centrifuge The 9th International Workshop on Separation Phenomena in Liquids and Gases（2006）

著者プロフィール

甲斐 常逸（かい つねとし）

●学歴
・昭和 42 年：早稲田大学理工学部応用物理科卒業
・昭和 53 年：名古屋大学工学部原子核工学科より学位授与
・昭和 53 年：アメリカミシガン大学原子核工学科留学
　　　　　　　（1 年間）

●職歴
・昭和 42 年：原子燃料公社入社
・昭和 42 年：原子燃料公社、動力炉・核燃料開発事業団に改組
・昭和 54 年〜平成 11 年：原子力学会査読委員および編集委員
・平成 10 年：動力炉・核燃料開発事業団、核燃料サイクル開発機構に
　　　　　　　改組
・平成 11 年：核燃料サイクル開発機構退社、（株）日本原燃入社
・平成 18 年：(株) 日本原燃退社

私のウラン濃縮用遠心分離機技術開発と
原子力政策への提言

2024年 7 月15日　初版第 1 刷発行

著　者　甲斐 常逸
発行者　瓜谷 綱延
発行所　株式会社文芸社
　　　　〒160-0022　東京都新宿区新宿1 − 10 − 1
　　　　　　　　　電話 03-5369-3060（代表）
　　　　　　　　　　　　03-5369-2299（販売）

印刷所　株式会社フクイン

ISBN978-4-286-25479-1